PLAN OF PUBLICATION

The **"Annales Bryologici"** will be published yearly in April and will form a volume of about 160 pages, royal 8vo, of text, with some illustrations.

The text will be printed in either English, French, German or Latin. Articles, communications etc. should be sent to the editor FR. VERDOORN, Postbox 82, Utrecht (Holland). The collaborators are kindly requested to send typewritten copy.

Price, per volume, 6 guilders (= $ 2.40 = RM. 10.—), or bound in cloth 7.50 guilders (= $ 3 = RM. 12.50).

A specimen copy consisting of a few sheets will be sent free on application.

Volume I, published in 1928.

VIII and 158 pp. With numerous illustrations. roy. 8vo.
Price 6 guilders (= $ 2.40 = RM. 10.—) or bound in cloth 7.50 guilders (= $ 3.— = RM. 12.50).

ANNALES BRYOLOGICI

ANNALES BRYOLOGICI

A YEARBOOK
DEVOTED TO THE STUDY OF
MOSSES AND HEPATICS

EDITED BY

FR. VERDOORN

SUPPLEMENTARY VOLUME II

HELMUT CARL, DIE ARTTYPEN UND DIE SYSTEMATI-
SCHE GLIEDERUNG DER GATTUNG PLAGIOCHILA DUM.

THE HAGUE
MARTINUS NIJHOFF
1931

DIE ARTTYPEN UND DIE SYSTEMATISCHE GLIEDERUNG DER GATTUNG PLAGIOCHILA DUM.

VON

HELMUT CARL

MIT 13 ABBILDUNGEN

HAAG
MARTINUS NIJHOFF
1931

ISBN 978-94-015-2269-4   ISBN 978-94-015-3512-0 (eBook)
DOI 10.1007/978-94-015-3512-0

Softcover reprint of the hardcover 1st edition 1931

INHALTSÜBERSICHT

EINLEITUNG

Bei dem Studium von akrogynen Jungermanien ist es oft schwer, einem unbekannten Moos den ihm im System zugehörenden Platz einwandfrei zuzuweisen. Schwierigkeiten in der Artbestimmung finden sich besonders bei den Genera, die sehr umfangreich sind und eine gewisse Gleichförmigkeit in bestimmten Artengruppen erkennen lassen; sie gelingt mitunter erst nach Vergleich mit Originalproben. *Frullania, Mastigobryum, Lophocolea, Lepidozia* und *Plagiochila* können etwa als Beispiele von Gattungen gelten, denen mancher Bestimmer gern aus dem Wege geht.

Die hier angeführte Gattung *Plagiochila* ist mit ihren über 1300 bekannten Arten eine der grössten überhaupt. Die vorliegende Arbeit soll einen neuen Weg zur systematischen Erfassung dieses schwierigen Genus zeigen, dessen befriedigende und brauchbare Gliederung trotz verschiedener Versuche bisher nicht geglückt ist.

Nach einer kritischen Würdigung der bisherigen Gliederungsversuche werden zunächst die eigenen Einteilungsprinzipien zu entwickeln sein. Eine vergleichend-morphologische Betrachtung der Einzelmerkmale wird zu dem speziellen Teil, der Einteilung der Gattung in natürliche Artengruppen, hinüberleiten. Eine Betrachtung des Gattungsaufbaues, wie der verwandtschaftlichen und geographischen Beziehungen der Formenkreise wird die Arbeit beschliessen. Es wurden Arten aus allen Ländern, mit Ausnahme des tropischen Afrika, den Untersuchungen zugrundegelegt.

Das untersuchte Herbarmaterial stammt aus verschiedenen Quellen. Zu grossem Dank bin ich vor allem dem Hauptkonservator des Bayrischen Staatsherbars München, Herrn Dr. W. v. SCHÖNAU, verpflichtet, der mir über 150 verschiedene *Plagiochila*-Arten zur Verfügung stellte. Herr Prof. Dr. O. RENNER brachte mir von seiner vorjährigen Tropenreise eine reiche Ausbeute javanischer *Plagiochilen* mit. Herr FR. VERDOORN überliess mir neben vielen älteren Herbarproben die von ihm im Jahre 1930 im Dienste des Buitenzorger Herbars gesammelten *Plagiochilen* und auch Alkoholmaterial javanischer Arten zur Untersuchung. Herr Dr. H. BUCH steuerte eine Anzahl patagonischer Arten bei. Herr Dr. H. REIMERS stellte mir aus dem Herbar des Berliner Botanischen Museums bereitwillig verschiedene Originale zum Vergleich einiger zweifelhafter Arten zur Verfügung. Herrn Oberlehrer E. KRÜGER (Eisenach) verdanke ich einige europäische Spezies. Vor allem aber standen mir die reichen Sammlungen meines hochverehrten Lehrers, Herrn Prof. Dr. TH. HERZOG, zur Verfügung. Ihnen allen sei auch an dieser Stelle für ihre Unterstützung bestens gedankt.

Die Untersuchungen wurden vom Februar 1930 bis Oktober 1931 in dem Botanischen Institut der Thüringischen Landesuniversität Jena unter der Anleitung von Herrn Prof. Dr. HERZOG ausgeführt. Herrn Prof. Dr. O. RENNER, dem Institutsvorstand, möchte ich für die Überlassung eines Arbeitsplatzes, sowie für das rege Interesse, das er stets meinen Untersuchungen entgegenbrachte, bestens danken.

Mein tiefgefühlter Dank gilt schliesslich vor allem meinem hochverehrten Lehrer, Herrn Prof. Dr. TH. HERZOG, dem ich das Thema dieser Arbeit verdanke, der mir während ihres Entstehens eine Fülle von Anregungen gab und stets das lebhafteste Interesse bezeugte; neben dem reichen Herbar stand mir seine Bibliothek in ausgedehntem Masse zur Verfügung.

I. ABSCHNITT: PRINZIPIEN UND SYSTEME EINER GATTUNGSGLIEDERUNG VON PLAGIOCHILA .

1. TEIL: DIE FRÜHEREN EINTEILUNGSVERSUCHE

Auf die erste Geschichte der Gattung, über die uns LINDENBERG kurz unterrichtet, soll hier nicht eingegangen werden. Aber die verschiedenen Einteilungs- und Gliederungsversuche der Gattung müssen hier nähere Erörterung finden. Die Besprechung dieser Versuche einer systematischen Gliederung wird uns mit den Schwierigkeiten und Lösungsmöglichkeiten der Aufgabe bekannt machen und dann auf das zweite Thema dieses Abschnitts, eine Herausstellung meiner Einteilungsprinzipien, hinleiten.

Fünf Autoren haben sich um die Lösung des Problems bemüht. Zwei von ihnen versuchten den ganzen ihnen bekannten Artenreichtum systematisch zu erfassen und zweckmässig zu gliedern. Als LINDENBERG in seiner Monographie als erster diese Aufgabe lösen musste, kam ihm der Umstand zu Hilfe, dass 1844 erst gegen 100 Arten beschrieben waren. Als STEPHANI zu Beginn unseres Jahrhunderts die *Plagiochilen* für seine Species Hepaticarum bearbeitete, waren es 779 geworden, zu denen im Ergänzungsband (Vol. VI) abermals 392 hinzu kommen (letztere sind freilich nicht gegliedert). Zwei andere Autoren haben sich auf die Bearbeitung der *Plagiochilen* eines geographisch begrenzten Gebiets beschränkt. Während SPRUCE (1885) sich auf das Amazonasbecken und die Anden von Peru und Ecuador beschränkte, fanden die javanischen Arten durch SCHIFFNER (1901) ihre Bearbeitung in seinen „Hepaticae der Flora von Buitenzorg". Erst vor einigen Jahren hat sich schliesslich DUGAS mit dem Genus beschäftigt und eine Auswahl von etwa 400 Arten aus allen Ländern zu gliedern versucht.

1. J. B. G. LINDENBERG.

Das System unserer Gattung, das LINDENBERG in seiner *Plagio-chila*-Monographie vorschlägt — es wurde unverändert in die Synopsis Hepaticarum übernommen und auch LACOSTE hat sich später desselben Systems bedient — teilt die 96 bekannten Arten in 6 Sektionen. Unterschieden wird nach der Blattform und der Verzweigungsweise. Wenn DUGAS LINDENBERG vorwirft, man wüsste nicht, nach welchem dieser Merkmale gegliedert wäre, ist schon jetzt zu betonen, dass es nach meiner Ansicht überhaupt nicht möglich ist, mit Hilfe eines einzigen Merkmals die Gattung in leicht erkennbare Gruppen zu zerlegen. Das, was man aber der Einteilung von LINDENBERG in der Tat vorwerfen muss, das ist die Verkennung der Wichtigkeit des geographischen Faktors. Aber dieser Vorwurf trifft bekanntlich die gesamte Synopsis Hepaticarum. — Trotzdem kommen, und das ist zweifellos ein grosser Erfolg dieser allerersten Einteilung, einige der auffälligen Gattungsbestandteile bereits zum Ausdruck. Das sind die *Cucullatae* (Arten mit umgebildeter Ventralbasis), die *Conjugatae* (Arten mit gegenständigen Blättern) und die *Bifariae* (Arten mit steil aufgerichteten, der Sprossachse angelegten Blättern), Gruppen, die auch von den späteren Bearbeitern als gut erkennbare Gattungselemente übernommen wurden.

Es ist noch besonders hervorzuheben, dass seine 6. Sektion mit *P. dendroides* als einziger Art sehr richtig als etwas Besonderes und in der Gattung isoliert Dastehendes erkannt wurde. Diese Erkenntnis ging jedoch verloren, indem STEPHANI (41), SCHIFFNER (34) und DUGAS (3) durch nichts die besondere Stellung dieser Art hervorhoben, einer Art, die so viel morphologische Eigenheiten auszeichnen, dass sie sogar generisch von *Plagiochila* getrennt werden muss [1].

Dass andere Anforderungen an ein System gestellt werden und andere Gesichtspunkte zu seiner Durchführung sich darbieten, wenn sich die Zahl der Arten verzehnfacht, ist selbstverständlich. Aus diesem Grunde ist natürlich LINDENBERG's System heute veraltet und die Einteilung auf Grund der Verzweigung als undurchführbar erkannt worden. Schon SPRUCE (40) hat 40 Jahre später auf die Unzulänglichkeit einer solchen Gattungsgliederung hingewiesen.

Das eine hat LINDENBERG aber schon klar erkannt, dass vor allem

---

[1] Siehe CARL, H., Morphologische Studien an *Chiastocaulon* Carl, einer neuen Lebermoosgattung, Flora, Bd. 126, S. 45—60.

die Merkmale der vegetativen Organe zu berücksichtigen und dass
Blattform und -gliederung für eine Einteilung verwendbar sind.
Dass neben der Verkennung des geographischen Gesichtspunktes
eine vollständig falsche Auffassung über das Zellnetz einhergeht, dem
überhaupt kein systematischer Wert zugeschrieben wird, liegt an der
Einstellung der Zeit LINDENBERG'S diesen Merkmalen gegenüber,
deren systematische Wichtigkeit erst langsam und viel später zum
Bewusstsein kam. Daraus, dass einige natürliche Artengruppen auch
ohne Berücksichtigung dieser Gesichtspunkte richtig heraus ge-
f ü h l t, allerdings nur unklar begrenzt wurden, ist ersichtlich, dass
es an gut kenntlichen Typen in unserer Gattung durchaus nicht fehlt.

2. R. SPRUCE.

Von grösster Bedeutung für die Geschichte der Gattung war das
System von SPRUCE. Ich halte es neben der Einteilung von SCHIFF-
NER für die beste natürliche Gliederung, die überhaupt versucht
wurde. Obwohl er nur 69 Arten zu gliedern hatte, gelang ihm doch
die gute Herausarbeitung mehrerer natürlicher Gruppen, die sich
auch bei meinen Untersuchungen vor allem auf Grund eines eingehenden Zellnetzstudiums ergaben. Ein wie ausgezeichneter Beobachter
SPRUCE war, erhellt daraus, dass er auch ohne starke Berücksichtigung des Zellnetzmerkmals natürliche Formenkreise isolieren konnte.
Seine ausgedehnte Sammeltätigkeit befähigte ihn, die morphologischen Eigenschaften der Pflanzen mit ihrer Vergesellschaftung, Höhenlage, Wuchsform und ähnlichen Merkmalen zu kombinieren, und
er konnte daher sogar versuchen, die einzelnen Gruppen von Arten
als ökologische Typen anzusprechen.

Seine Einteilung ist folgende:

Divisio I. *Cauliflorae.* Verzweigung tritt fast nur auf durch Innovierung
      unter Perianthien, selten anders.
§ 1. *Spinulosae.* Blätter alternierend, gewöhnlich flach abstehend, mei-
      stens länger als breit, keine ventrale Crista bildend, gewöhnlich
      dornig-gezähnt, selten gewimpert. Androeceen intermediär oder
      terminal.
    A. *Involucratae.* Es sind mehrere Paar Floralblätter vorhanden, die
        die Perianthbasis umschliessen.
    B. *Exinvolucratae.* Perianthbasis nicht durch Involukralblätter ge-
        schützt.
§ 2. *Grandifoliae.* Sehr ansehnliche Pflanzen. Blätter mit erweiterter Ven-
      tralbasis, mitunter zu einer Crista zusammenneigend, gewimpert

oder gedornt, selten anders bewehrt. Androeceen meistens fächerartig terminal stehend.

   A. Blätter ringsum bewehrt.
   B. Blätter am Dorsalrand glattrandig.

§ 3. *Heteromallae*. Die gewöhnlich braunen Blätter stehen einseitswendig,
selten flach ausgebreitet.

   A. Blätter bei derselben Art bald einseitswendig, bald flach ausgebreitet. Rand mit Wimpern oder Zähnchen.
   B. Blätter stets einseitswendig, eingeschnitten-dornig.

Divisio II. *Ramiflorae*. Sprosse wiederholt dichotom oder fiederig verzweigt.
Infloreszenzen die Seitenzweige beschliessend.

§ 4. *Frondescentes*. Dichotom oder fiederig verzweigt. Blätter grösser,
nicht dicht gedrängt, selten eine Crista bildend.

   A. Fiederige Verzweigung.
   B. Dichotome Verzweigung.

§ 5. *Cristatae*. Blätter sehr dicht stehend, flach ausgebreitet, mit Cristabildung, gewöhnlich dornig gezähnt. Amphigastrium mitunter
vorhanden.

   A. Verzweigung von Anfang an dichotom. (Amphigastrien vorhan-
den — Amphigastrien fehlen).
   B. Verzweigung bald fiederig, bald dichotom.
   C. Verzweigung ausgeprägt fiederig.

Wenn DUGAS die Einteilung der *Spinulosae* in *Involucratae* und
Exinvolucratae beanstandet, muss ich ihr recht geben. Abgesehen davon, dass sie praktisch undurchführbar ist, scheint sie den natürlichen Verhältnissen nicht Rechnung zu tragen. Durch diese Gliederung werden zum Beispiel *P. bursata* und *aërea* auseinandergerissen, die zweifellos nahe zusammengehören usw.

Die *Grandifoliae* stellen einen sehr grossen, gut abgegrenzten Formenkreis dar, auf den mich auch meine Untersuchungen geführt haben. Fast alle von SPRUCE hierhergestellten Arten sind in meinen
Superbae wiederzufinden. Unmöglich ist jedoch eine Zweiteilung in
Arten mit gezähntem oder glattem Dorsalrand, wie auch die Stellung
von *P. fuscolutea* in dieser Verwandtschaft nicht zu rechtfertigen sein
wird.

Die *Heteromallae*, die die einseitswendig beblätterten Arten umfas-
sen, sind wieder eine sehr natürliche Gruppe, in die aber verschiedene
unter sich verwandte, aber isolierbare Formenkreise zusammengenommen sind. *P. calomelanos*, die hierher gestellt wird, fällt durch ihr
abweichendes Zellnetz etwas heraus.

Die *Frondescentes* sind die am wenigsten charakterisierte Gruppe, die auch verschiedene Elemente in sich vereinigt.

Die *Cristatae* dagegen enthalten vor allem zwei, vielleicht nahe verwandte leicht erkennbare Artengruppen, die noch nicht als solche gekennzeichnet sind (die *Hypnoides* m. und *Hylaecoetes* m.). Die klare Erkenntnis der Gruppe, die *P. hypnoides* als Mittelpunkt hat, ist bemerkenswert. Dieser natürliche Formenkreis geht übrigens in den späteren Einteilungen von STEPHANI und DUGAS wieder verloren. Eine Teilung der *Cristatae* nach der Verzweigungsweise und dem Merkmal des Amphigastriums, die SPRUCE durchführt, halte ich nicht für glücklich.

Vor allem ist als Fortschritt gegenüber dem System von LINDENBERG anzuführen, dass SPRUCE nicht wenige, sondern viele Merkmale nebeneinander beachtet: Verzweigung, Perianthstellung, Beblätterungsweise, Blattrandgliederung, Amphigastrium. Wenn der Blattzuschnitt und das Zellnetz, die leider nur eine untergeordnete Rolle spielen, mehr im Vordergrund gestanden hätten, würde die Gliederung noch wesentlich an Wert gewonnen haben. Zum Beispiel muss SPRUCE selbst bei seinen *Heteromallae* zugeben: „cellulae subaequilaterae, in diversis speciebus magnitudine valde diversae". Wenn er auf die S t e l l u n g des Perianths, die aber natürlich eng an die Verzweigungsart der Pflanze geknüpft und meist auch dadurch gekennzeichnet ist, auf der einen Seite grossen Wert legt, vernachlässigt er mit Recht andererseits den B a u des Perianths und erkennt damit ganz klar, dass das Perianth in der Systematik der Gattung kein wesentliches Merkmal darstellen kann, was auch spätere Autoren mit Recht feststellen.

DUGAS wendet ein, dass eine Teilung in *Cauliflorae* und *Ramiflorae* deshalb unpraktisch und unbrauchbar sei, weil fertile Pflanzen durchaus nicht immer zur Verfügung stehen, und STEPHANI, weil ♂ und ♀ Pflanzen verschieden ausgebildet sein könnten. Aber mit dieser Feststellung kann man sich nicht über die Gliederung von SPRUCE hinwegsetzen. Der Einwurf verliert sogar an Nachdruck, wenn festzustellen ist, dass der vorliegende Stoff z. T. in recht natürliche Gruppen zerfällt, deren Vertreter auch zu erkennen sind, wenn die Gametangien fehlen. SPRUCE hätte seine Abteilungen auch ohne Zuhilfenahme der Perianthstellung definieren können. Man muss nämlich feststellen, dass seine Gruppen in Wirklichkeit nicht durch das Perianth, sondern durch eine Summe übereinstimmender Merkmale zusammengeführt werden, bei denen das Perianth nur eine beigeordnete Rolle spielt. Vielleicht wäre seine Einteilung wertvoller, wenn überhaupt auf die Zweiteilung, die unnötig ist, verzichtet wäre und die Untergruppen koordiniert aufgefasst würden.

Die Einteilung von SPRUCE kann uns aber deshalb nicht genügen, weil sie einmal nur amerikanische Arten eines eng begrenzten Gebietes umfasst. Ferner ist einzuwenden, dass manche Gruppen nicht einheitlich sind, was darauf zurückgeht, dass der systematische Wert einiger wesentlicher Merkmale verkannt wurde.

Trotzdem ist sein grosses Verdienst unumwunden zuzugeben. Wir wären in der Systematik unserer Gattung heute weiter, wenn die Nachfolger dieses hervorragenden Forschers den von ihm versuchten Weg übernommen und weiter ausgebaut hätten, statt nach grundlegend anderen Einteilungsprinzipien zu suchen.

3. V. SCHIFFNER.

Die Einteilung von SCHIFFNER stellt gegenüber der von SPRUCE wieder einen Fortschritt dar, wenn überhaupt diese Gliederung, die eine ganz andere Flora zum Gegenstand hat, verglichen werden kann. Es ist überhaupt auf eine Trennung der *Cauliflorae* von den *Ramiflorae* verzichtet, und die Gattung ist in 7 nebeneinander aufgeführte Sektionen eingeteilt mit folgenden Namen:

I. *Dentatae.*   IV. *Denticulatae.*
II. *Oppositae.*   V. *Peculiares.*
III. *Abietinae.*   VI. *Ciliatae.*
VII. *Cucullatae.*

4 Sektionen sind so gut und natürlich abgegrenzt, dass sie von mir übernommen wurden. Es ist besonders hervorzuheben, dass SCHIFFNER die *Abietinae* und *Peculiares* ganz richtig als eigene Sektionen führt. In den Gliederungen der späteren Autoren sind diese ausgezeichneten, natürlichen Artengruppen wieder verloren gegangen. SCHIFFNER hat sehr richtig herausgefühlt, dass Schematismus nicht weiter führt. Er hat daher z.B. ganz mit Recht eine Sektion *Peculiares* unterschieden, obwohl sie der Blattform und der Verzweigung nach sehr wohl zu anderen Arten passen könnte. Aber es findet sich bei dieser durch eine einzige Art dargestellten Sektion ein derartig abweichendes und isoliert stehendes Zellnetz, dass *P. peculiaris* eben

als Besonderheit abgetrennt werden m u s s. Er macht weiterhin die
Abietinae auf Grund ihrer besonderen Verzweigungsweise mit Recht
zu einer eigenen Gruppe, wie er die *Cucullatae* wieder nach ihrer besonderen Blattform, dem Besitz eines ventralen Wassersacks, abglie-
dert usw.

Dass zwei Sektionen, die *Dentatae* und *Denticulatae*, recht verschiedene Elemente in sich vereinigen, ist auch SCHIFFNER aufgefallen,
wenn er innerhalb der Sektionen eine grosse Anzahl von Typen unterscheidet. Beser wäre hier die Zahl der Sektionen erweitert worden.

Die M e t h o d e aber, mit der SCHIFFNER seine 70 javanischen
Plagiochilen gliedert, finde ich sehr glücklich, und ich habe sie auch
für meine Einteilung übernommen. Voraussetzung für eine systematische Erfassung der Gattung scheint mir nämlich die genaue Kenntnis und Abgrenzung der sie aufbauenden Artentypen zu sein, deren
ev. Zusammenfassung zu zweckmässigen Verbänden eine sekundäre
Aufgabe darstellt.

4. F. STEPHANI.

Drei Eigenschaften weisen im System STEPHANI's der Pflanze ihren
Platz an, ihre Herkunft, ihre Blattanheftung, ihre Blattform.

Es besteht gar keine Frage, dass die Übernahme des geographischen Gesichtspunktes in die Systematik ein grosses Verdienst STE-
PHANI's ist, und dass es wirklich für eine grosse Gattung kein glück-
licheres erstes Einteilungsprinzip gibt, das zudem nicht einmal eine
künstliche Gliederung des Stoffes veranlasst, wie es zunächst scheint,
sondern sogar den natürlichen Verhältnissen weitgehend entspricht.
Ob man mit STEPHANI 5 Florenreiche unterscheidet oder vielleicht
nur 4 unter Auflassung des holarktischen, ist gleichgültig, es wird zunächst jedenfalls eine sehr leicht durchzuführende erste Gliederung
erreicht. Es ist selbstverständlich, dass bei einer Einteilung unserer
Gattung dieses Kriterium unbedingt übernommen werden muss, wie
es auch in der von mir versuchten Gliederung geschehen ist.

Für die weitere Gliederung der geographisch eingeteilten Arten
wird von STEPHANI die Ausbildung der ventralen Blattbasis der
Stammblätter zugrundegelegt. STEPHANI unterscheidet 3 Insertions-
typen, die die Abb. 1 wiedergibt. Abb. 1*a* ist der Prototyp seiner
„*Patulae*", das kurz inserierte Blatt hat etwa parallele Ränder, wobei
der ventralseitig gelegene geradlinig von der Sprossachse absteht. Bei

den „*Ampliatae*" ist der ventrale, basale Blattrand ohrartig oder halbherzförmig erweitert und greift über die andere Seite des Stengels hinweg. Abb. 1*b* zeigt schliesslich einen zwischen den beiden ersten stehenden Anheftungstyp, den STEPHANI in der praktischen Durchführung willkürlich zu den *Patulae* oder *Ampliatae* nimmt. STEPHANI hätte schon so konsequent sein müssen, diesen Mitteltyp als Grundlage einer dritten Gruppe zu nehmen, wie es dann auch DUGAS getan hat.

Welche Stellung müssen wir nun zu diesem Merkmal der Blattform ein nehmen? Vor allem ist es leider nicht richtig, dass es „die Arten jeder natürlichen Gruppe eo ipso zusammenführt". Denn wäre es so, würde kein Bedürfnis nach einer besseren Einteilung vorliegen. Der

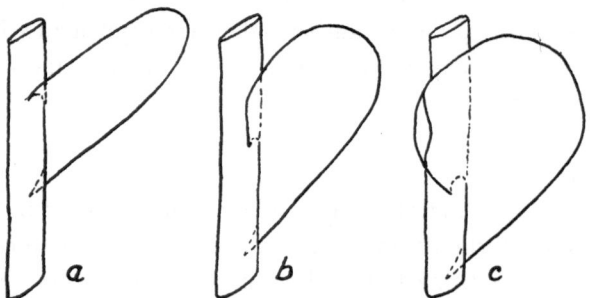

ABB. 1. Die drei ventralen Anheftungstypen der
Plagiochila-Blätter (nach STEPHANI).

Fehler in der Auffassung dieses Merkmals beruht darin, dass es eben nicht auf der einen Seite *Patulae*, auf der anderen *Ampliatae* gibt, sondern (wie doch schon die Mittelform zeigen müsste) eine Riesenzahl von Arten, die bei weit ampliaten und cristaten Blattformen anfangend in stetiger Folge übergehen zu Typen mit parallelrandigen oder basal keilförmig verschmälerten Blättern, die unter weitem Winkel von der Achse abstehen. Wo hören die *Ampliatae* auf und wo fangen die *Patulae* an? Hätten wir nur Arten nach den extremen abgebildeten Beblätterungstypen, so könnte es keine bequemere Einteilung geben. Ausserdem würden aber dann die Arten bereits durch die Blatt f o r m in zwei gut begrenzte Gruppen zerfallen.

STEPHANI gibt aber selbst zu, dass der Übergang *Patulae-Ampliatae* sich verwischt. Denn mitunter bildet er die gleichen Arten bei den *Patulae* und bei den *Ampliatae* ab, was sich als ein Zugeständnis an den

Bestimmer deuten lässt. *P. Suringarii* könnte etwa als Beispiel dienen (bei den *Angustifoliae* und *Oblongo-trigonae*).

Es gibt Fälle, wo an einer und derselben Pflanze festzustellen ist, dass die jungen Blätter der Seitenzweige durchaus für ampliat gelten müssen, die alten an der Hauptsprossachse einwandfrei als *Patulae* zu bezeichnen sind, und umgekehrt! Oft ist ferner die Entscheidung, ob Stamm- oder Astblätter beobachtet wurden, nicht mit Sicherheit möglich. Eine andere Schwierigkeit besteht in den Fällen, wo der ventrale basale Blattrand nach aussen umgeschlagen ist. Wenn die umgebogene Randpartie zurückgeschlagen würde, könnte sie die andere Stengelseite berühren, und das Blatt könnte ampliat heissen, (zumal wenn man den umgeschlagenen Rand als den Beginn einer Crista auffasste). Trotzdem gilt das Blatt in der Aufsicht als „patulum". Wie muss man sich in solchen Fällen entscheiden?

STEPHANI hatte sich aber offenbar in die Idee verbissen, ein allgemein verwendbares Merkmal finden zu müssen, das ausgeprägt genug erschien, als Basis einer Einteilung zu dienen. Aber die Gliederung in *Patulae-Ampliatae* wurde eben doch nur ein Notbehelf, dessen Schwächen vielleicht STEPHANI selbst gemerkt hat. Einem eingehenden vergleichenden Studium der Formen und ihrer Verwandtschaftsverhältnisse hält dieses Einteilungsprinzip jedenfalls nicht stand. Man kann nicht 2 Arten, die in 10 Merkmalen übereinstimmen, deshalb auseinanderreissen, weil zufällig die basale ventrale Erweiterung des Blattes der einen Art mehr als bei der anderen ausgebildet ist! — Es muss leider festgestellt werden, dass eine Trennung in diese Abteilungen *Pat.-Ampl.* praktisch undurchführbar ist. Ich könnte sie höchstens bei den extrem nach diesem Schema ausgebildeten Arten für berechtigt halten, weil sich wirklich einige Artengruppen (die übrigens STEPHANI nicht als solche kennzeichnet) vorfinden, in denen das Merkmal durchgehend vorhanden ist. Aber diese Formenkreise sind durch andere Charaktere viel besser abgegrenzt.

Die an sich ganz richtige Erkenntnis, dass das Merkmal der Blattform eine wichtige Rolle in der Gliederung der Gattung spielen muss (freilich nur, wenn es vernünftig und im Verein mit anderen verwendet wird!), hat STEPHANI zu einer einseitigen Überschätzung verleitet und ihn oft zu praktisch unmöglichen, weil unnatürlich verfeinerten und überspitzten Unterscheidungen gezwungen. Es werden also von STEPHANI für die Einteilung der damals bekannten 779 Arten viel mehr Gruppen nach dem Blattzuschnitt unterschieden, als überhaupt mit Sicherheit auseinandergehalten werden können. Die Folge davon ist, dass in den meisten Fällen eine vorliegende Art sehr gut in 2 oder 3 der Blattformgruppen passen könnte, also nicht eindeutig bestimmt ist. Wenn es schon schwer ist, zwischen *Oblongifoliae* und *Angustifoliae* die Wahl zu treffen, vermag ich zwischen *Oblongo-trigonae*, *Ovato-trigonae* und *Ovato-oblongae* gar keine Grenzen anzugeben. Es liegt also auf der Hand, dass eine solche Gliederung gerade oft n i c h t   z u s a m m e n g e h ö r i g e   A r t e n   mit Notwendigkeit zusammenführt. Übrigens hat in manchen Fällen STEPHANI selbst gemerkt, dass das Einteilungsprinzip nach der Blattform mit den wahren Verwandtschaftsverhältnissen kollidiert, wie sich aus gelegentlichen Äusserungen, z.B. der Bemerkung im Anschluss an *P. gedeana*, ergibt. Gerade wenn man sich obendrein die Veränderungsbreite eines Blattes derselben Art vor Augen hält, kommt die ganze Unmöglichkeit einer derartigen Einteilung zum Vorschein.

Ich kann STEPHANI den Vorwurf nicht ersparen, dass er in die durch den Blattzuschnitt bedingten Gruppen nicht konsequent auch nur wirklich hierher gehörige Arten aufnimmt. Es liessen sich viele Beispiele geben, wo die Blattformen sich durchaus nicht der Gruppenüberschrift unterordnen. Das setzt aber den Wert dieser ohnehin unscharf begrenzten Blattformabteilungen noch weiter herab.

Was aber an der Gliederung von STEPHANI einen Fortschritt bedeutet, ist, abgesehen von der geographischen Einteilung, die Tatsache, dass darin einige wenige natürliche Formenkreise zum Ausdruck kommen. Bezeichnend ist, dass gerade diese Gruppen nicht auf Grund ihrer Blattform, sondern anderer Merkmale zusammengestellt sind. Die Gruppen sind die *Cucullatae*, *Conjugatae* (bezw. *Oppositae*) und die Abteilung „Folia sursum recurva", die im tropischen Amerika und in der Antarktis unterschieden wird. Diese Gruppen, die z.T. auch schon LINDENBERG erkannte, gehören zu den auffälligsten Bestandteilen der Gattung.

5. M. DUGAS.

Der jüngste Versuch einer systematischen Erfassung unseres Genus ist die Arbeit von Frl. M. DUGAS: „Contribution à l'étude du genre Plagiochila Dum".

DUGAS teilt 400 zum grossen Teil selbstuntersuchte Arten aus aller

Welt zunächst nach der Blattform in 3 grosse Gruppen, in *Ligulatae*, *Rotundifoliae* und *Trigonifoliae*. Jede Gruppe wird nach der Blattform in eine Anzahl von Untergruppen noch weiter geteilt, die noch schliesslich nach dem *Ampliatae-Patulae*-Prinzip und der Grösse des Blattwinkels weiter gegliedert werden. Es würde sich kaum verlohnen, diese Einteilung hier ganz wiederzugeben. Es soll nur der erste Teil der *Ligulatae* ausführlich gegliedert folgen:

A. *Euligulatae*. Blätter mit parallelen oder fast parallelen Rändern.
   a. *Longiligulatae*. Blätter über doppelt so lang als breit.
      α. *Angustifoliae*.
         1. Patulae.
            1′ Winkel unter 50°.
            1″ Winkel gleich und grösser als 50°.
         2. Latifoliae.
            2′ Winkel unter 60°.
            2″ Winkel über 60° mit grosser Amplitude.
            2‴ Winkel bald unter, bald über 60°.
      β. *Grandifoliae*.
         1. Patulae.
       ⋮   ⋮
B. *Spathulatae*.

Vor allem fällt eines auf. Es ist ganz auf eine Trennung in Florengebiete verzichtet, die wir bei der Gliederung von STEPHANI als ausgezeichnetes Kriterium erkannten. — Die Einteilung von DUGAS kann man von zwei Seiten verstehen. Entweder sie soll ein Bestimmungsschlüssel sein, der auf keinerlei Verwandtschaft von Arten Wert legt, sondern nur den Bestimmer richtig ans Ziel führen soll, oder sie soll den natürlichen Verhältnissen entsprechen und die Gruppen so zusammennehmen, wie sie ihrer Verwandtschaft nach zusammengehören. Beides ist ihr nicht gelungen. Besonders auffallend ist der Mangel an jedem systematischen „Gefühl'' für verwandtschaftliche Zusammenhänge, über die ihr starrer Schematismus unbekümmert hinwegschreitet. Wie will DUGAS pflanzengeographisch erklären, dass in eine und dieselbe Gruppe Arten von Japan, Mexiko, Neuseeland etc. zu stehen kommen? Wir wollen es doch als einen grossen Erfolg der modernen Hepatikologie erachten, dass die Wichtigkeit des geographischen Faktors in der Systematik erkannt wurde, eine Erkenntnis, die wir neben SCHIFFNER eben vor allem STEPHANI verdanken.

Die Hauptrolle in der Gliederung spielt auch hier wieder das Merkmal der Blattform. DUGAS bemerkt ganz richtig, dass STEPHANI zu viele und nicht scharf trennbare Gruppen nach diesem Merkmal aufstellt. Aber nun frage ich, wo bleibt da ein Fortschritt, wenn DUGAS beispielsweise einteilt in *Angusti-trigonifoliae, Lati-trigonifoliae, Eu-trigonifoliae* und *Quasi-Trigonifoliae*. Es braucht nicht Wunder zu nehmen, dass DUGAS in praxi diese 4 Gruppen nicht scharf trennen kann. Ein anderer würde es auch nicht können.

Wie starr sich übrigens DUGAS an den Blattumriss hält, mag daraus hervorgehen, dass sie überhaupt noch in Erwägung zieht, *P. media*, die zu den unter ihren *Trigonifoliae* aufgeführten *Cucullatae* gehört, vielleicht als einzige *Cucullate* bei den *Ligulatae* unterzubringen, nur weil das Blatt etwas länger gestreckt ist! Kein Beispiel könnte treffender die Unsinnigkeit der einseitigen Überschätzung dieses gewiss recht wertvollen Merkmals kennzeichnen! Es darf doch überhaupt kein Zweifel darüber bestehen, dass *P. media* nie und nimmer aus dem Verband der *Cucullatae* getrennt werden kann!

Wenn STEPHANI's Einteilung in *Patulae-Ampliatae* ihre Schwierigkeiten hat, scheint mir vollends die Zusammenfassung der zwischen beiden stehenden Insertionsart zu den „*Latifoliae*", wie sie DUGAS nennt, praktisch undurchführbar. Ich traue mir jedenfalls nicht zu, zwischen den drei Typen jedesmal klar zu unterscheiden. Wenn wir schon Blätter nach dem *Patulae-* und *Ampliatae*-Typus an einer und derselben Pflanze auftreten sehen, um wieviel mehr Blätter nach der *Latifoliae-* und einer anderen Anheftungsweise zugleich. Dasselbe Blatt kann dann, wenn es einen spitzen Winkel bildet, zu den *Latifoliae* gehören, wenn der Winkel grösser ist, zu den *Patulae*!

Es bleibt schliesslich noch der Blattwinkel zu diskutieren. Dass der Blattwinkel, worauf STEPHANI hinweist, ein gutes und relativ konstantes Artmerkmal ist, sei gern zugegeben. Denn gerade ihm verdankt die Pflanze zum grossen Teil den Habitus, der systematisch natürlich eine grosse Rolle spielen muss. STEPHANI hat den Winkel daher als beigeordnetes Merkmal da erwähnt, wo er sicher festzustellen war. DUGAS erhebt nun dieses Merkmal neben der Blattform und -anheftung zum Einteilungsprinzip. Leider treten da grosse Hindernisse in den Weg. Die Hauptschwierigkeit ist die, dass es eine grosse Zahl von *Plagiochilen* gibt, bei denen der Winkel einfach nicht feststellbar ist. DUGAS gibt das für die Arten „foliis sursum recurvis" selbst zu. Ich kann auch nicht bei einer Pflanze an jedem Blatt denselben Winkel feststellen. DUGAS, die sonst s t e t s die Amplitude des Winkels angibt, stellt häufiger für eine Art nur eine einzige Gradzahl fest. Der Wert der nach dem Winkelmerkmal unterschiedenen Gruppen soll hier nicht diskutiert werden. Es dürfte, was als Beispiel erwähnt sein soll, sicher schwer sein, die *Cucullatae* auseinanderzuhalten nach: 1. Angle ne dépassant pas, ou rarement, 75° und 2. Angle souvent supérieur à 75°! Solche Angaben, die sich nicht einmal gegenseitig ausschliessen, sind doch gänzlich wertlos!

Wenn wir nun die Gliederung von DUGAS überblicken, müssen wir leider feststellen, dass sie uns in der systematischen Erfassung unseres Genus auch keinen einzigen Schritt weiter gebracht hat. Der neuartige Versuch, nach Blattform, -anheftung und -winkel zu teilen, hätte vielleicht zu einem besseren Ergebnis geführt, wenn die geographische Gliederung von STEPHANI beibehalten worden wäre, die unbegreiflicherweise aufgegeben ist. Als Einziges ist hervorzuheben, dass wenigstens die ganz auffälligen Artengruppen der *Oppositae* und *Cucullatae* und die Arten „Foliis sursum recurvis" von STEPHANI übernommen und nicht durch das Blattformmerkmal zerrissen wurden.

2. TEIL: MEINE EINTEILUNGSPRINZIPIEN

Bei einer Gattungsanalyse können augenscheinlich nur dann die Typenelemente isoliert werden, wenn eine Artengruppe nicht durch e i n, sondern eine ganze S u m m e von Merkmalen sich zu erkennen gibt. Denn wir haben guten Grund anzunehmen, dass in einer derartig grossen Gattung gewisse Merkmale, z.B. eine bestimmte Blattform, als Konvergenzbildung in verschiedenen Entwicklungskreisen aufgetreten sind. Diese Erkenntnis verbietet aber von vornherein, etwa nur auf Grund der Blattgestalt, die Gattung „natürlich" gliedern zu wollen. Es soll daher in der vorliegenden Arbeit versucht werden, der S u m m e der sich darbietenden Merkmale Rechnung zu tragen. Phylogenetische Zusammenhänge im Aufbau der Gattung können sich nur dann ergeben, wenn die einzelnen, sie zusammensetzenden Elemente in ihrer natürlichen Begrenzung herausgeschält werden. Ist erst diese wichtige Vorarbeit geleistet, zu der mit diesen Untersuchungen ein Anfang gemacht werden soll, dann wird es auch dem Systematiker nicht schwer fallen, einen geeigneten und zweckmässigen Bestimmungsschlüssel zu schreiben. Ich halte einen solchen jedoch für verfrüht und wertlos, bevor man sich über die Gattungsbestandteile klar geworden ist. — Ich bemühte mich daher, ohne jedes Entgegenkommen an den Bestimmer die Gattung in die Elemente zu zerlegen, die ein eingehendes morphologisches Studium und die an vielen Proben erkannte Veränderungsrichtung und -breite der Einzelmerkmale als n a t ü r l i c h e erkennen liess. Vor allem wird die grosse Zahl der Verwandtschaftsgruppen auffallen, die einen Begriff von dem komplizierten Aufbau der Gattung geben.

Als erschwerend für eine systematische Erfassung der Gattung kommen die verschiedensten Gründe in Frage. — Vor allem einmal kann das Amphigastrium, das meist nur rudimentär ist, kaum eine Rolle in der Systematik spielen. Dazu kommt der einfache Blattbau, bei dem Ober- und Unterlappen nicht unterscheidbar sind. Schliesslich weist das Perianth keine besonderen und auffälligen Bautypen auf, die eine Einteilung in grössere Gruppen ermöglichen. Dass eine Gliederung auf Grund des Blattbaues und der ventralen Blattanheftung nicht möglich ist, dass eine Einteilung auf Grund der Blattgestalt und des Winkels ebenfalls wertlos ist, zeigt uns augenfällig ein Versuch, mit Hilfe dieser Gliederungen unbekannte Moosproben zu bestimmen. Hätten wir nicht STEPHANI's unveröffentlichte Handzeichnungen und wäre der Stoff nicht geographisch gegliedert, ein Verdienst, das wir dem Schöpfer unseres hepatikologischen Standardwerkes zweifellos hoch anrechnen müssen, dürften wir schwerlich zum Ziele gelangen. Mit Hilfe der Einteilung von DUGAS jedoch einer *Plagiochila* den ihr im System zugehörenden Platz anzuweisen, halte ich für unmöglich. Im übrigen verweise ich auf die Seite 12 ff.

Es muss nun schon an dieser Stelle auf das Zellnetzmerkmal eingegangen werden, obwohl später davon noch zu sprechen ist, da sich durch meine Auffassung dieses Merkmals wichtige neue Gesichtspunkte für die Einteilung der Gattung ergeben. Und ich darf daher eine kurze geschichtliche Betrachtung hier einschalten. — Wie wenig Wert früher auf das Zellnetz gelegt wurde, kann daraus erhellen, dass LINDENBERG in seiner *P*.-Monographie nach der Schilderung einiger Zellnetztypen schreibt: „Attamen tela cellulosa diversae indolis haud raro in eadem stirpe invenitur". Auch bei SPRUCE spielt das Zellnetzmerkmal eine untergeordnete Rolle, wenn er auch auf auffällige Typen hinweist, obwohl bereits 10 Jahre nach dem Erscheinen der Synopsis hepaticarum C. MÜLLER (Hal.) 1854 als erster die Wichtigkeit der Zellstruktur für systematische Fragen erkannte und klar aussprach. „. . . . Diesen Gedanken, dass der Zellenbau der Pflanzenorgane eine so bedeutende Rolle bei den Moosen spiele, trug ich darum fast unwillkürlich auf alle übrigen Familien über. Soweit ich ihn aber auch verfolgen mochte, immer bewährte er sich in immer grösserer Allgemeinheit. Ich fand ihn zunächst in gleichem Maasse wie bei den Laubmoosen, bei den Lebermoosen bestätigt. Darum bin ich fest überzeugt, dass, wenn die hochverdienten Verfasser der Synopsis hepaticarum denselben Gedanken consequent bei Unterscheidung der Lebermoose gebraucht hätten, ihre Artengliederung eine ganz andere geworden sein würde, als sie im genannten Werke ist." Mit seltenem Scharfblick hat auch dieser Forscher die beiden Hauptmängel der Synopsis herausgefühlt, und es ist bedauerlich, dass sich die systematische Hepatikologie kaum um diese bahnbrechenden Erkenntnisse kümmerte und das Zellnetz erst viel später als wichtiges Artmerkmal eine Rolle zu spielen begann. — Erst K. MÜLLER (Frib.) setzt das Zellnetz wieder in seinen vollen systematischen Wert ein und schreibt z.B. über die Zellgrösse gewisser *Scapanien*: „. . . . Sie ist deshalb sehr oft eines der allerwichtigsten Unterscheidungsmerkmale, die wir kennen." Mit ihm erkennen auch SCHIFFNER und STEPHANI die Wichtigkeit des leider bis dahin viel zu wenig gewürdigten Merkmals an. Aber es ist bedauerlich, dass ST. trotz dieser Erkenntnis das Zellnetz keineswegs mit der nötigen Konsequenz verwendet. Z.B. hat er in unserer Gattung auf die Herausarbeitung von Gruppen nach dem Zellnetz überhaupt verzichtet und es sind Arten mit den verschiedensten Zellnetztypen in den einzelnen Abteilungen oft bunt durcheinandergewürfelt. Aber zur Einleitung von *Leioscyphus* sagt er z.B. mit vollem Recht: „ein hervorragendes Merkmal der Gattung ist der Bau der Blattzellen, welche in Anbetracht der Kleinheit der meisten Arten sehr grosse Zellen besitzen, sodass wir hier eine recht natürliche Gruppe, fast ohne zweifelhafte Elemente, vor uns haben" [1]). Wenn er aber begründeterweise bei *L. nigrescens* bezweifelt, ob diese Art mit den ganz unverdickten Zellen hierher gehört, bringt er es auf der anderen Seite fertig, *L. strongylophyllus* mit Apikalzellen

---

[1]) Wörtlich zitiert. In der Fassung offenbar ein lapsus calami!

von 10 μ und Basalzellen von 18 × 27 μ o h n e j e d e B e m e r -
k u n g hierher zu stellen, während die normale Zellnetzgrösse bekanntlich das Dreifache beträgt. DUGAS schliesslich verkennt dieses
Merkmal ganz und gar und benutzt nur für die Unterteilung einer
schwierigen, weil unmöglichen Gruppe das Fehlen oder Vorhandensein einer Vitta.

Ich glaube nun, dass das Zellnetz in der Systematik unserer Gattung eine sehr wichtige, wenn auch nicht allein massgebende Rolle
spielt. Denn jedes bis zur letzten Konsequenz durchgeführte systematische Merkmal führt zu unnatürlichen Einteilungen. Ebenso wie
sich eine Gliederung nach dem Blattwinkelmerkmal als unmöglich
und unsinnig herausgestellt hat, würde eine n u r auf das Zellnetz
begründete Einteilung, nicht befriedigen können, wenn sich auch bereits eine grössere Anzahl recht natürlich begrenzter Artengruppen
danach herausschälen liesse.

Wir haben guten Grund anzunehmen, dass der T y p u s eines
Zellnetzes von den Umweltfaktoren kaum verändert wird. Ein Zellnetz, wie es z.B. *P. peculiaris* besitzt, werden wir nicht als ein adap-
tatives, sondern als ein in der Organisation der Pflanze begründetes
Merkmal verstehen müssen [1]. — Aber es kann der Standort bedingen, „dass ganz allgemein Arten", wie MÜLLER in seiner *Scapanien*-
monographie ausführt, „mit gewöhnlich dünnwandigem Zellgewebe
an Stellen, die der Insolation ausgesetzt sind, beträchtliche Eckverdickungen erhalten."[2] Nicht der G r a d der Zellverdickung ist charakteristisch für eine Art oder Artengruppe, sondern der T y p u s
der Zellverdickung und Zellform. Z.B. wird eine Art mit nicht verdickten Wänden kein näheres verwandtschaftliches Band mit Arten,
die etwa balkige Longitudinalwände haben, verknüpfen. Ebensowenig wie Arten mit weiten hexagonalen gestreckten Zellen zu solchen mit kleinen, beinahe rundlichen Zellen gehören und schliesslich
Formen mit pelluciden Zellen gewöhnlich nicht zu solchen, deren Zellen mit grünem Inhalt dicht vollgestopft sind. Schwankungen in Zell-

---

[1] Wir könnten hier an Vorstellungen erinnert werden, die PRANTL entwickelt hat, wenn er die *Cruciferen* nach dem Haarmerkmal, als einem phylogenetisch wenig veränderlichen, in Arten mit verzweigten u. unverzweigten Haaren einteilt.

[2] Vgl. auch BUCH, H., Die *Scapanien* Nordeuropas und Sibiriens, Soc.
Scient. Fenn. Comm. Biol. I. 4 und III. 1.

grösse und Verdickunsgweise kommen natürlich vor, — es mag nur
auf die Arbeit von ELLWEIN (4) oder auf die Formen- und Varietäten-
beschreibung einer polymorphen Art verwiesen werden — was bekanntlich konstant bleibt, das ist der T y p u s des Zellnetzes. Es
ist erstaunlich, dass schon C. MÜLLER (1854) ähnliche Gedanken ausgesprochen hat.

Eine gelegentliche mutative Änderung der Zellnetzgrösse ist übrigens auch durchaus vorstellbar. Über Mutationserscheinungen bei
Lebermoosen sind wir kaum unterrichtet, aber, dass es polyploide
Sippen bei Lebermoosen gibt (z.B. bei *Pellia*), wissen wir. Man dürfte
glauben, dass mit einer Vervielfachung des Chromosomensatzes eine
Vergrösserung des Zellnetzes einhergeht, wie das von MARCHAL für
zahlreiche Arten und von F. v. WETTSTEIN für *Funaria* bekanntlich
nachgewiesen wurde.

Wenn man nun die standortlich bedingten Zellnetzveränderungen
in Rechnung zieht, und die Zellstruktur mit anderen Merkmalen, vor
allem Blattform, aber auch -stellung und -gliederung, Verzweigung,
Stellung der Gametangien usw. kombiniert, kommt man in unserem
Genus zu recht natürlichen Verwandtschaftsgruppen. Das Zellnetz
scheint mir in der Tat den Schlüssel zur Systematik unserer Gattung
darzustellen, nachdem alle anderen z.T. aus den Gliederungen anderer
Gattungen hergeleiteten Einteilungsprinzipien versagt haben.

Welche Rolle haben die Gametangienstände in unserer Systematik
zu spielen? Es ist sicher nicht richtig, sie damit abzutun, dass man
sagt: da sie nicht regelmässig vorhanden sind, daher spielen sie in der
Systematik nur eine untergeordnete Rolle. Und wenn es möglich
wäre, würde ich sie sofort als Grundlage einer Gliederung, einer Gattungsanalyse, benutzen, auch wenn nicht alle Proben fertile Pflanzen
enthalten! Da jedoch auch beim ersten Zuschauen die „Hüllorgane"
wirklich keine Handhabe zu einer Einteilung zu bieten schienen, habe
ich, um ihren Merkmalswert zu prüfen, folgenden Weg eingeschlagen.
Gruppen, die auf Grund der vegetativen Sprossorgane zweifellos als
gut begrenzt angenommen werden durften, wurden hinterher auch
auf ihre Übereinstimmungen im Bau der Gametangienstände untersucht. Hier ergab sich nun, dass STEPHANI vollkommen Recht hat,
wenn er dem Perianth als Merkmal keine entscheidende Rolle in der
Artensystematik zuerkennt; es ist innerhalb der Gattung zu gleichförmig gestaltet. Hingegen sind die Antheridienstände mitunter

recht wertvoll. Was ferner gut innerhalb der Gruppen übereinstimmt, das ist die Stellung der Gametangien, die aber mit der Verzweigungsweise des Sprosses — also einem vegetativen Merkmal — stets eng verknüpft ist. — Eine Gliederung der Gattung kann nur mit Hilfe der vegetativen Sprossorgane versucht werden.

Ich bin zu folgenden grundsätzlichen Einteilungsprinzipien und Auffassungen über die Systematik der Gattung gelangt:

1. Eine Gliederung darf nicht sofort für den Bestimmer gemacht werden. Die Verhältnisse sind zunächst aufzudecken, wie sie sind. Ob die Einteilung zweckmässig und methodisch geschickt ist, muss gleichgültig sein. Sind aber erst die natürlichen Gattungselemente erkannt, dann ist die Herstellung eines wirklich brauchbaren Bestimmungsschlüssels wesentlich erleichtert und eine sekundäre Angelegenheit. Der Weg kann aber nicht umgekehrt gegangen werden.

2. Es sollte versucht werden, jedes Einzelmerkmal nicht als solches, sondern als n o t w e n d i g e s G l i e d einer Summe von Merkmalen zu verstehen, mit denen es verknüpft ist. Arten, die in einer Merkmals s u m m e übereinstimmen, gehören in einen näheren Verband zusammen und nicht diejenigen, die nur in einem Merkmal, wenn auch auffällig, übereinstimmen (Konvergenz der Blattbildung usw.!). Arten derselben Verwandtschaftsgruppe sind nicht durch e i n , sondern durch mehrere Merkmale miteinander verknüpft.

3. Eine systematische Erfassung der Gattung kann nur folgen, wenn die einzelnen , sie aufbauenden Typenelemente isoliert und ev. hinterher zu grösseren Verbänden zusammengenommen werden. Erst nach einer Herausschälung der Artengruppen werden phylogenetische und pflanzengeographische Erörterungen möglich.

4. Der geographische Gesichtspunkt ist unbedingt zu verwenden. Er gibt ein erstes leicht zu definierendes Einteilungskriterium ab. Erst die weitere Gliederung ergibt sich aus der Morphologie der Pflanze. Als Beleg für die Brauchbarkeit einer geographischen Einteilung mag erwähnt sein, dass wir z.B. keine einzige paläotropische Art aus Amerika kennen.

Obwohl im vergleichend-morphologischen Teil noch ausführlich auf die systematische Bewertung der Einzelmerkmale einzugehen ist, sollen an dieser Stelle die wichtigsten Ergebnisse vorweggenommen und kurz dargestellt werden.

Blattform und -gliederung sind die wichtigsten Merkmale an der Pflanze, wobei der Veränderung des Blattes am gleichen Sprossteil und dem Dimorphismus von Stamm- und Zweigblättern Rechnung zu tragen ist. Eine strenge Scheidung von *Patulae* und *Ampliatae* oder gar noch ausserdem *Latifoliae*, ist praktisch undurchführbar und unnötig. Denn die Formen, die sich einwandfrei dieser Einteilung unterordnen, sind auch meist durch andere Merkmale gekennzeichnet. Die weit ampliaten Formen sind durch die Cristabildung und die „*Patulae*" durch die Blattform bestimmt. Durch ein willkürliches Einreihen unklarer Zwischenformen in dieses Schema wird nur Verwirrung in die natürlichen Zusammenhänge gebracht.

Die Stellung der Blätter zur Sprossachse ist sehr wesentlich für die Systematik. Man kann entfernte, sich berührende und sich deckende Blätter unterscheiden. Ferner eine steil aufgerichtete Blattstellung (fol. surs. recurva), eine flach zweizeilig ausgebreitete und eine herabgekrümmt-einseitswendige. Die Blattdeckung kann schliesslich geschlossen, halboffen und offen sein. Der Insertionswinkel hat als Artmerkmal Wichtigkeit.

Der Querschnitt der Sprossachse ist systematisch nicht zu verwenden. Die Paraphyllien und Rhizoiden haben ebenfalls nur untergeordneten systematischen Wert.

Die Verzweigung ist ein äusserst wichtiges Merkmal. Einfache oder nur ganz spärlich verzweigte Typen eignen anderen natürlichen Verwandtschaftsgruppen als fiederig, stark dichotom oder bäumchenartig verzweigte Formen.

Die Amphigastrien sind nur von untergeordneter systematischer Bedeutung. Sie sind stets vorhanden, wenn auch meist rudimentär. Als Artmerkmal sind sie mitunter hingegen recht wertvoll.

Das Zellnetz wurde als ein Merkmal allerersten Ranges erkannt. Eine ganz Anzahl von Typen ist zu unterscheiden. Manche Verwandtschaftskreise sind allein durch die Zellstruktur, -form, -verdickung und den -inhalt, charakterisiert.

Der Stellung der Antheridienähren ist grosser Wert beizumessen. Wir unterscheiden terminal-bündelartige und intermediäre Stellung. Der erste Typus findet sich bei sehr gut abgegrenzten Artengruppen. Der Rand der Brakteen ist von systematischer Wichtigkeit. Vollständig ganzrandige Brakteen sind gut abgegrenzten Verwandtschaftskreisen eigen. Die Zahl der Antheridien scheint im System ebenfalls brauchbar zu sein. Neben Typen mit stets einem, finden wir auch solche mit stets mehreren Antheridien.

Auf das Perianthmerkmal allein lassen sich keine natürlichen Formenkreise gründen, da es zu wenig Abwechslung bietet. Es kann nur ein Merkmal zweiter Ordnung sein. Den Floralblättern kommt ebenfalls nur wenig systematische Bedeutung zu.

Die verschiedenen vegetativen Vermehrungsweisen lassen sich nur untergeordnet systematisch verwenden. Brutsprösschen und Brutblätter treten in ganz bestimmten Artengruppen auf.

Mit Hilfe der oben entwickelten Einteilungsprinzipien und mit der eben dargestellten Einschätzung der Einzelmerkmale habe ich nun eine Analyse der Gattung in Angriff genommen. Erschwert wurde diese Aufgabe dadurch, dass in der STEPHANIschen Einteilung die natürlichen Verhältnisse vollkommen verschleiert worden waren, von der DUGASschen Gliederung ganz zu schweigen! Die Methode ergab sich also von selbst. Es war eine grosse Zahl der verschiedensten Typen nebeneinander zu untersuchen, zunächst unter vollständiger Ausserachtlassung der einschlägigen Literatur. Es war durch eingehendes morphologisches Studium für jedes Einzelmerkmal der systematische Wert festzustellen. Mit Hilfe dieser Ergebnisse wurden dann jeweils Arten mit der grössten Anzahl übereinstimmender Merkmale zusammengestellt. Es musste also die Gliederung auf synthetischem Wege gewonnen werden. Nur so schien mir eine Erkenntnis der Formenkreise und ihrer Zusammenhänge möglich. — Durch diese Arbeitsweise bin ich in der Tat bei manchen Merkmalen zu ganz anderen Resultaten gekommen. Eigenschaften der Pflanze, die von anderen bis zur letzten Konsequenz systematisch benutzt wurden, sanken zu Merkmalen zweiten Grades herab, andere Baubesonderheiten, die frühere Autoren überhaupt nicht oder kaum systematisch verwendeten, wie z.B. das Zellnetz, wurden als Merkmale ersten Ranges erkannt und mit Erfolg verwertet.

Ob manche der Verwandtschaftsgruppen, die ich Sektionen genannt habe, oder mehrere zusammengenommen auch zu Subgenera erhoben werden können, lässt sich erst sagen, wenn ihre Umgrenzung klar gegeben werden kann. Dass die *Oppositae* und die eigentümliche *P. cucullifolia* jedoch gute und zugleich leicht kenntliche Subgenera sind, steht fest. Vielleicht könnten sie gar generisch abgetrennt werden. Aber schon die auffällige Gruppe der *Cucullatae* kann nicht Subgenus sein, da sie nicht übergangsfrei ist, usw.

Nicht eine fertige Einteilung der Gattung in natürliche Artengruppen soll und kann hier vorgelegt werden. Das Hauptziel dieser Untersuchungen soll vielmehr sein, einen W e g z u w e i s e n, wie wir zu einer solchen kommen können. Manche Gruppen sind noch stark erweiterungsfähig, und da nur ein Teil der bekannten Arten berücksichtigt wurde, dürften sich auch noch weitere natürliche Formenkreise ergeben. Zudem wurden mit Rücksicht auf den Umfang der Arbeit sämtliche afrikanischen Arten, von denen mir auch weniger Material zur Verfügung gestanden hätte, überhaupt ausgeschlossen. Dass wir auf dem Umweg über Artengruppen auch zu einem recht brauchbaren Bestimmungsschlüssel aller Arten kommen können, ist mir recht wahrscheinlich. Freilich sind wir noch weit davon entfernt. Vielleicht kann uns aber der angegebene Weg dem Ziel ein Stück näher bringen.

II. ABSCHNITT: VERGLEICHENDE MORPHOLOGIE DER GATTUNG PLAGIOCHILA MIT BERÜCKSICHTIGUNG DER SYSTEMATISCHEN VERWENDBARKEIT DER EINZEL-MERKMALE [1])

1. TEIL: DIE VEGETATIVEN ORGANE

a. DIE SPROSSACHSE.

Die Sprossachse ist innerhalb der Gattung recht einförmig gebaut. Nur bei *P. contingens* finden sich systematisch verwendbare Baubesonderheiten (differenzierte Aussenzellage). — Bei den Paraphyllien tragenden Arten kann man nach Ausbildungsgrad und Ort verschiedene Typen unterscheiden. Bei *P. hirta, abietina* und *hispida* stehen die Paraphyllien auf der ganzen Sprossachse in Form von dornigen Auswüchsen, so dass das Stämmchen in ein dichtes Borstenkleid eingehüllt erscheint. Nur auf der Sprossoberseite in Form von lamellen- oder leistenartigen Zellauswüchsen, die am Rand gezähnt oder auch ganzrandig sind, stehen die Paraphyllien von *P. Jensenii, trapezoidea, intercedens, horridula* usw. Wieder einen anderen Typus repräsentieren schliesslich die Paraphyllien von *P. hamulispina*. — Den Paraphyllien kommt nur Artwert zu. — Rhizoiden haben kaum Merkmalswert, sie sind höchstens in zwei asiatischen Sektionen, den *Renitentes* und *Zonatae*, systematisch verwendbar.

Die Verzweigung ist dagegen systematisch sehr wichtig. Die Mehrzahl der Formenkreise enthält nur wenig oder gar nicht verzweigte Vertreter. — Regelmässig fiederige Sprosse sind selten und z.B. von verschiedenen Arten der Austral-Antarktis bekannt (*Durae, Giganteae*). Die *Durae* und *Abietinae* sind fast schon durch ihre Verzweigung genügend gekennzeichnet. — Häufiger sind die wiederholt gabelig

---

[1]) Ich beschränke mich hier nur auf das Wesentliche, eine eingehendere Darstellung der Morphologie unseres Genus sei einer gesonderten Darstellung vorbehalten.

verzweigten Sprosse, wie sie etwa bei den amerikanischen *Parallelae* anzutreffen sind. — Bäumchenähnliche Verzweigung ist selten, *P. frondescens* und *fruticosa* sind gute Beispiele. — Fascikulate Verzweigung kommt auch gelegentlich vor, z.B. bei Vertretern der Austral-Antarktis. — Die Verzweigungsweise ist bei den verschiedenen Sektionen stets zur Charakteristik mit verwendet worden. Sie bestimmt vor allem neben Winkel und Dichte der Blattstellung den Habitus der Pflanze.

b. DAS BLATT.

Die äussere Gestalt. In der Gestalt des Blattes herrschen sehr grosse Unterschiede. Die Auswahl der auf Abb. 2 dargestellten Blattformen kann etwa einen Eindruck vermitteln. Einige Formenkreise sind daran leicht zu erkennen, dass der ventrale Rand eine besondere Ausbildung erfährt (*Cucullatae, Crispatae*). Blätter von runder Gestalt sind weniger verbreitet. Man könnte die *Minutidentes, Taylori* und *Asplenioides* hierher rechnen. Ein grosser Reichtum von Arten mit dreieckigem Blattzuschnitt (in sehr verschiedenen Abwandlungen) ist vorhanden, diese Blattform ist häufiger als der ligulate oder linealische Zuschnitt. An der Ventralbasis stark erweiterte Blätter können sich gegenseitig aneinander zu einem zusammenhängenden, auf der Rückseite des Stengels verlaufenden Kamm (Crista) aufrichten. — Die ursprüngliche Zweilappigkeit der Blätter bleibt nur bei den *Bidentes* deutlich erhalten, mitunter weist jedoch die apikale Randgliederung darauf hin. — Für systematisch wertvoller als die Blattform halte ich fast noch die Blattrandgliederung. Abb. 3 zeigt die verschiedenen Typen, die ich deshalb hier nicht aufzuführen brauche. — Bei der Verwendung der Blattgestalt und -gliederung muss dem Dimorphismus von Stamm- und Zweigblättern Rechnung getragen werden. Es gelten etwa folgende Regeln:

1. Die ersten Blätter des Hauptsprosses sowie der Seitenzweige sind systematisch nicht verwertbar. Sie zeigen meist weitgehende Abweichungen von der normalen Blattausbildung. Sie sind durchweg kleiner, in der Randgliederung einfacher und in vielen Fällen deutlich in zwei Lappen oder Zipfel auslaufend.

2. Ist die Pflanze fiederförmig verzweigt, so sind allgemein die Stammblätter grösser als die der Seitenzweige. Der Blattzuschnitt ist annähernd derselbe, aber die Randdifferenzierung der Zweigblätter meist reicher.

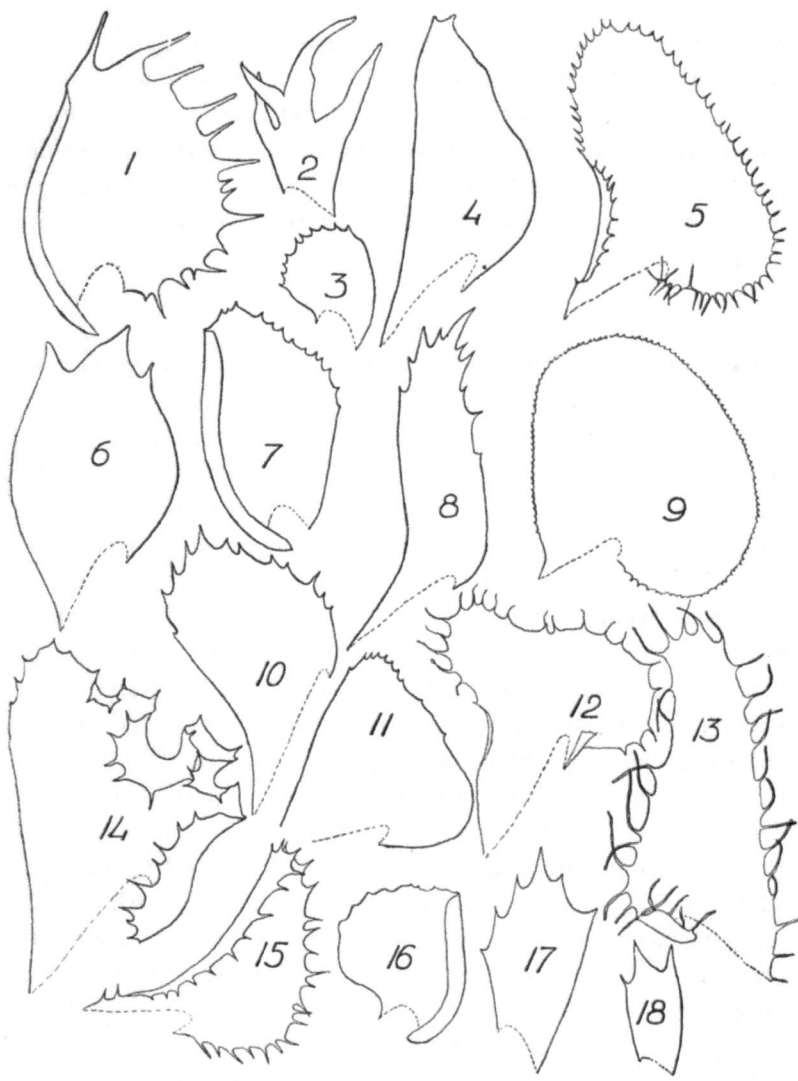

ABB. 2. Auswahl verschiedener Blattformen.
1 *P. grossitexta*, 2 *P. loriloba*, 3 *P. dura*, 4 *P. Caversii*, 5 *P. villosa*, 6 *P. fruticella*, 7 *P. zonata*, 8 *P. frondescens*, 9 *P. minutidens*, 10 *P. argentina*, 11 *P. Beddomei*, 12 *P. subtropica*, 13 *P. bantamensis*, 14 *P. corrugata*, 15 *P. perserrata*, 16 *P. deflexifolia*, 17 *P. flexicaulis*, 18 *P. tridenticulata*. — 1, 2, 3, 6, 7, 8, 14, 17, 18 sind 25 ×, die übrigen 10 × vergrössert. Hätten die Blattumrisse, was aus Platzmangel nicht möglich war, in der gleichen Vergrösserung gebracht werden können, würden die Unterschiede zwischen den einzelnen Typen noch weit stärker hervortreten.

3. Ist die Pflanze ganz unverzweigt, so pflegen die Blätter, wenn
sie erst einmal normale Gestalt erreicht haben, dieselbe beizubehal-

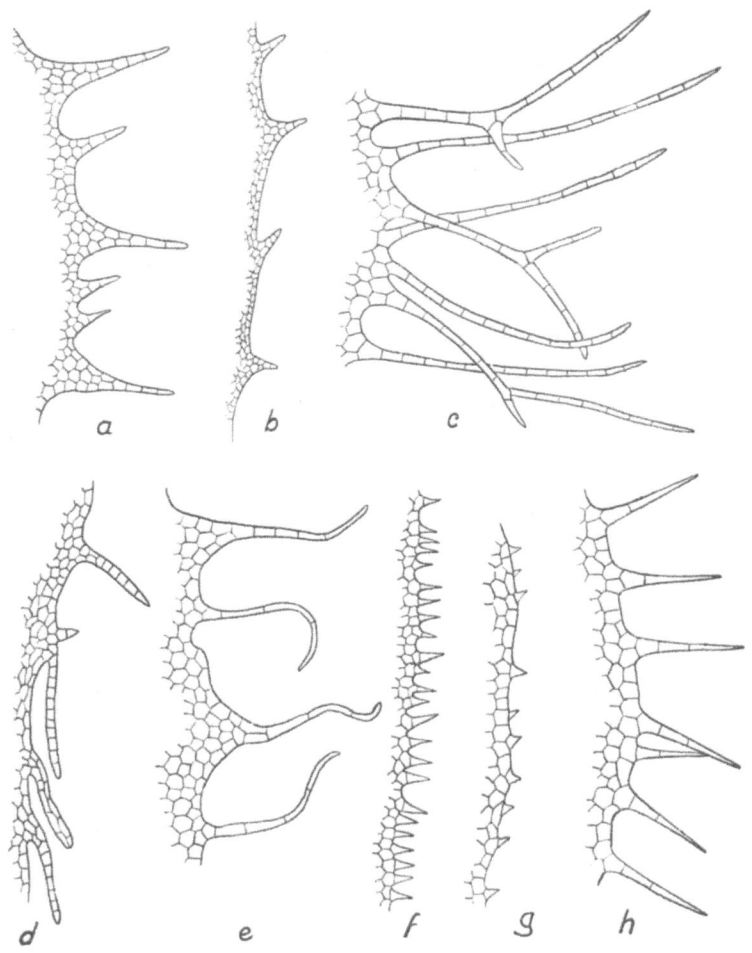

ABB. 3. Verschiedene Typen der Randbewehrung.
a lacinienartige Dornen (*P. grossitexta*); *b* stumpfe Zähne (*P. hypnoides*);
c steife, bisweilen verzweigte Wimpern (*P. hylaecoetis*); *d* fransenartige
Cilien (*P. Dusenii*); *e* gewundene Wimpern (*P. subtropica*); *f* dichte Zähnchen (*P. minutidens*); *g* „aufgesetzte" entfernte Zähnchen (*P. latifrons*);
h borstenartige Dornen (*P. calomelanos*). Alles 60 ×.

ten. Schwankungen in der Grösse und Dichte der Stellung lassen sich
ab und zu feststellen.

4. Bei mehrfach verzweigten Sprossen weicht die Blattform der

Hauptsprossachse oft von der der Seitenblätter ab. Astblätter von Zweigen 1. Ordnung pflegen grösser zu sein als solche von Zweigen 2. Grades, Blattzuschnitt und Randbewehrung können weitgehend übereinstimmen. Die Stammblätter dagegen können gedrungener und breiter sein als die Zweigblätter und in der Randgliederung weniger stark ausgeprägt; die Blätter können entfernter stehen; spezielle Merkmale des Astblattes (eingeschlagener Dorsalrand, besondere Orientierung zum Stengel usw.) können zurücktreten.

Der feinere Bau. Zu dem feineren Bau des Blattes gehört vor allen Dingen das Zellnetz; über seinen systematischen Wert habe ich schon im ersten Abschnitt (S. 16 ff.) gesprochen. Es ist systematisch gut zu verwenden deshalb, weil wir ganz verschiedene, voneinander klar abzugrenzende und leicht erkennbare Zellnetztypen in der Gattung vorfinden. Vgl. zu den folgenden Ausführungen Abb. 4.

1. *contingens*-Typus. Schon an der Grösse der Zellen ist dieser weit verbreitete Typus zu erkennen. Hierher gehören die Arten mit den grössten Zellen. Die Apikalzellen messen meistens über 30 μ, sie erreichen im Maximum 50 μ. Dadurch, dass die Ecken überhaupt nicht oder höchstens dreieckig verdickt und auch die Wände dünn sind, bekommen wir ein weites Zellnetz mit polygonalen (gewöhnlich 5- oder 6-eckigen), scharfeckigen Zellen. Der Zellinhalt ist (wenigstens an dem Herbarmaterial) regelmässig als Ring koaguliert, der den Wänden dicht anliegt. So kommen helle und durchsichtige Zelllumina zustande. Bei den etwas länger gestreckten Basalzellen sind knotige anguläre Verdickungen recht selten. Vitta basalis und Zwischenknoten auf den Längswänden fehlen. — Vielleicht lassen sich alle Sektionen mit diesem Zellnetztypus zu einem grossen Verband zusammennehmen (es würden z.B. hierher gehören: *Superbae* z.T., *Subplanae, Cucullatae, Kaalaasii* usw.).

2. *bursata*-Typus. Viel weniger häufig und nur auf gewisse Sektionen des tropischen Amerikas beschränkt, ist dieser Zellnetztypus. Er zeichnet sich aus durch stark in der Längsrichtung verlängerte Zellen. Das Charakteristische aber sind die Verdickungen. Zunächst sind die Zellecken nicht durch b e s o n d e r e Anlagerungen hervorgehoben. An ihre Stelle tritt eine balkenartige Verdickung der Longitudinalwände, die auf beiden Wandseiten gleichmässig stark aufgelagert wird und bis zu den Ecken reicht, diese einschliessend. Die Zellen sind mitunter dreimal länger als breit. — In zwei Sektionen,

den *Bursatae* und *Caversii*, taucht dieser Zellnetztypus auf, besonders
deutlich bei der ersteren.

3. *zonata*-Typus. Während der vorige Typus nur in Formenkreisen

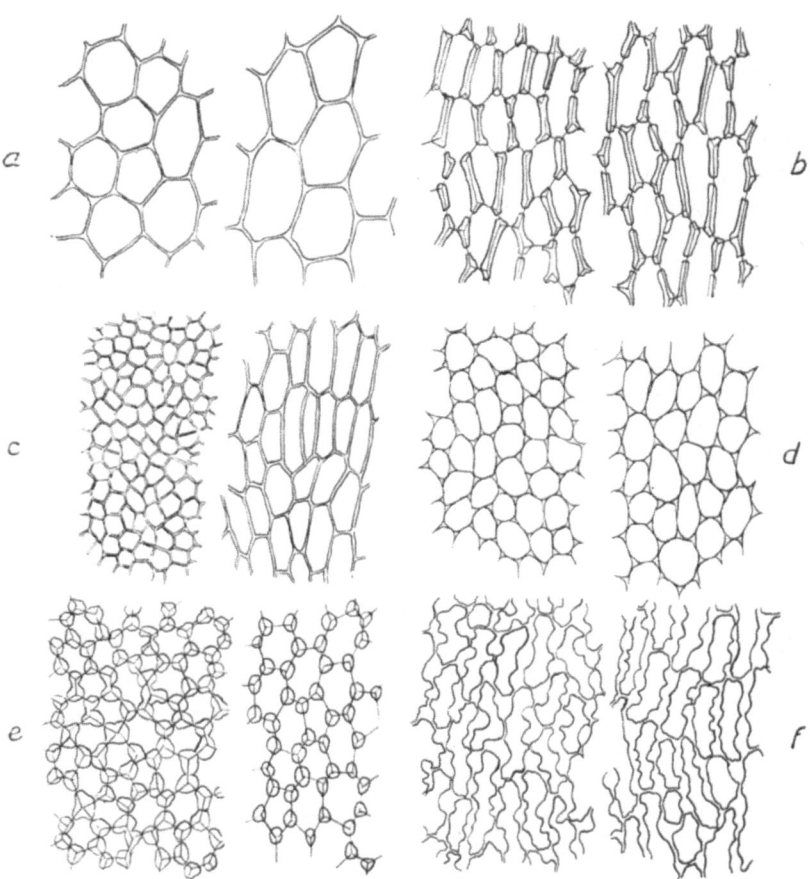

ABB. 4. Verschiedene Zellnetztypen. Links Apikal-, rechts Basalzellen. Jeweils nebeneinander.
a contingens-Typ, *b bursata*-Typ, *c zonata*-Typ, *d hypnoides*-Typ, *e deflexifolia*-Typ, *f peculiaris*-Typ. Alles 200 ×.

der Neuen Welt vorkommt, findet man den *zonata*-Typus in Amerika
nicht. Die Sektion *Zonatae* ist im tropischen Asien zu Hause. In der
Austral-Antarktis taucht der Typus an verschiedenen Stellen nochmals auf, (z.B. *Taylori*). — Die Zellart ist sofort an ihren geringen

Ausmassen zu erkennen. Die Apikalzellen erreichen etwa 15 μ Durchmesser, oft sind sie noch wesentlich kleiner (bis zu 9 μ). Zu der Dichte des Zellnetzes kommt die Zellform. Wir finden rundliche Zellen, auch an den Rändern der Blattbasis. Die Ecken der mitunter derbwandigen Zellen sind gewöhnlich in der Verdickung nicht oder kaum hervorgehoben, abgesehen von einigen neuseeländischen Arten. — Mit diesem Zellnetztypus ist meistens das Auftreten einer Vitta basalis verbunden, die sonst nur vereinzelt wieder vorkommt. Man versteht unter „vitta" eine basale und mediane „area"; die sich deutlich durch andersgeformte, langgestreckte, durchsichtigere und bisweilen gelb gefärbte Zellen von dem übrigen Blatt abhebt.

4. *hypnoides*-Typus. In der Gattung weiter verbreitet ist der *hypnoides*-Typ, der in verschiedenen Sektionen der Alten und Neuen Welt auftritt. Die Zellgrösse steht zwischen dem *contingens*- und *zonata*-Typus (Apikalzellen etwa 20 μ, Basalzellen etwa 20 × 35 μ). Den etwas längsgestreckten Zellen fehlen extreme Verdickungen. Die Ecken sind dreieckig oder auch kleinknotig verdickt. Die Zellen sind nicht diaphan, der grüne Inhalt ist unregelmässig über das g a n z e Lumen koaguliert. — Vielleicht gehören alle hierher gehörenden Sektionen (*Hypnoides, Crispatae, Infirmae, Villosae*) näher zusammen.

5. *deflexifolia*-Typus. Eine Sektion der austral-neuseeländischen Flora wird durch diesen Zelltypus zusammengeführt. Die Apikalzellen sind in den Ecken so stark knotig verdickt, dass ein Knoten da anfängt, wo ein anderer aufhört, und eine dazwischenliegende Wandpartie fast nicht festzustellen ist. Knoten und Zellumen sind fast gleich dick. An den Basalzellen dagegen rücken die Knoten weiter auseinander.

6. *peculiaris*-Typus. Das eigentümlichste Zellnetz in der Gattung findet sich bei *P. peculiaris* und Verwandten. Es sieht dem gewisser *Frullanien* nicht unähnlich. — Die Zellen sind langgestreckt, etwas bogig, mitunter sogar wurmähnlich gekrümmt. Die Zellecken sind nicht wie gewöhnlich durch dreieckige oder knotige Stellen besonders hervorgehoben. Wir finden ein höchst unregelmässig verdicktes Zellnetz, mit ein- oder beiderseitigen, konkav-konvexen Wandknoten von verschiedener Grösse und wechselnder Gestalt. Das sehr stark gebuchtete Zellumen kommt mitunter den mächtigen Verdickungen an Durchmesser fast gleich. —

Nur die Typen 1 und 4 erfahren Abwandlungen und besitzen eine Anzahl von Zwischenformen. —

Die Kutikularstruktur ist ein sehr gutes Artmerkmal. Aber es ist keine Sektion auf diesem Merkmal aufzubauen, das offenbar in ganz verschiedenen Verwandtschaftskreisen, mitunter nur sporadisch, aufgetreten ist.

Die Stellung des Blattes zum Spross. Bei der Blattstellung können wir drei Typen unterscheiden, die flach zweizeilig ausgebreitete, die umgekrümmt-einseitswendige und die steil aufgerichtete. Ich sehe in der Blattstellung eines der allerersten Merkmale, das stets innerhalb der einzelnen Sektionen konstant bleibt. Bei dem 3. Typus sind die Blätter mit den Laminae der Sprossachse zugekehrt und stehen steil aufrecht. Dadurch bekommt die Pflanze einen abweichen-den, an *Jamesoniella* erinnernden Habitus. Arten mit arrekter Blatt-stellung sind in verschiedenen Formenkreisen der Austral-Antarktis und im tropischen Amerika (hier nur bei den *Arrectae*) anzutreffen.

Der Dorsalrand und die Stellung der Lamina zum Stämmchen spie-len bei dem habituellen Aspekt einer Pflanze eine sehr grosse Rolle. Da sich aber die verschiedenen Stellungen schwer beschreiben lassen, wollen wir folgende Vorstellung zur Hilfe nehmen. Wir vergleichen den Spross mit seinen Blättern mit einer Jalousie. Die Blätter des Stämmchens entsprechen ihren Brettchen. Sind die Blätter flach aus-gebreitet und liegen sie, sich berührend, übereinander, kann man die-se Stellung mit der geschlossenen Jalousie vergleichen. Wir wollen daher diese Blattstellung kurz g e s c h l o s s e n nennen. Stehen die Blätter von der Achse steil ab, so dass ihre Laminae zur Sprossflanke im rechten Winkel stehen, reden wir von o f f e n e r Blattdeckung. Stehen sie schliesslich schräg zueinander, ohne sich gegenseitig zu be-rühren (obwohl sie vielleicht dicht stehen) wie die Brettchen einer halb geöffneten Jalousie, wollen wir von einer h a l b o f f e n e n Blattdeckung sprechen. Im speziellen Teil habe ich mich öfters dieser Ausdrucksweise, die ich hiermit vorschlage, bedient.

Auf den Blattwinkel, der ganz wesentlich den Habitus einer Art bedingt, habe ich grossen Wert gelegt. Ich halte es für praktisch, zwischen spitzem, mässig weitem, und weitem Winkel zu unterschei-den, wobei ich die Grenzen von 0° bis 50°, 50° bis 70°, 70° bis 90° lege. Eine weitere Unterteilung hat keinen praktischen Wert.

Für systematisch wertvoll halte ich schliesslich auch die Folge-dichte der Blätter. Wir können entfernt stehende, sich berührende und sich deckende Blätter unterscheiden. Der Wert dieses Merkmals

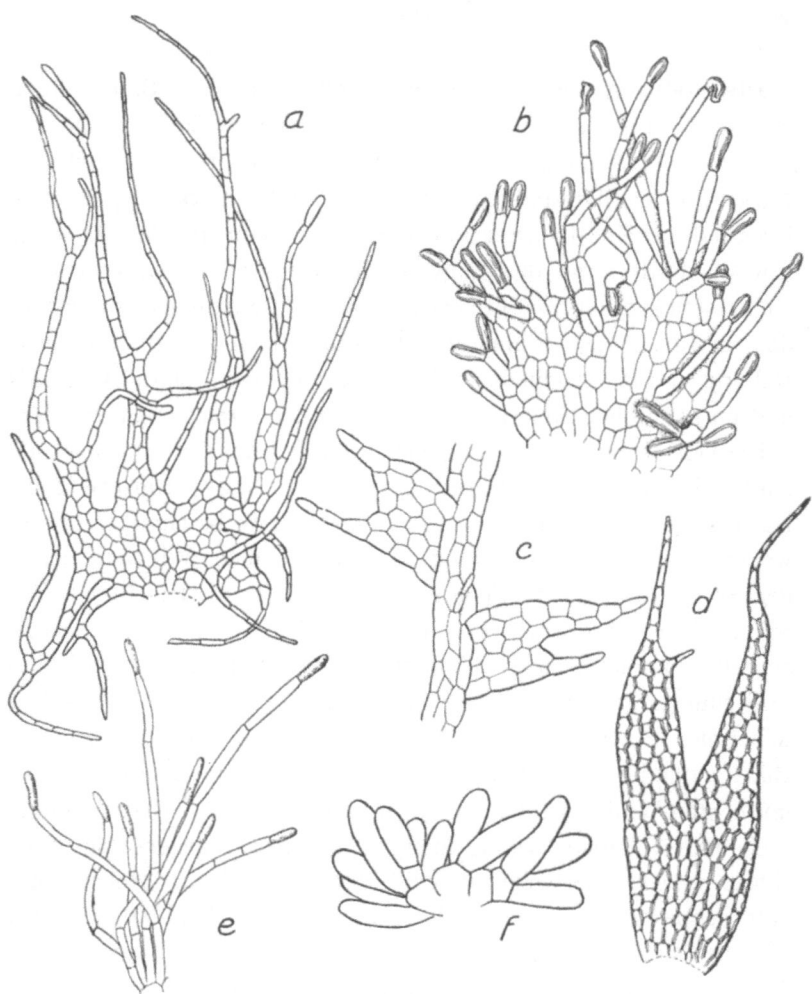

ABB. 5. Einige Typen von Amphigastrien.
a das A. ist sehr tief unregelmässig zerschlitzt (*P. lobulata* var., 45 ×);
b der Reichtum an Schleimpapillen ist auffällig (*P. clavato-saccata*, 100 ×);
c das A. ist auf zwei Zellen reduziert (*P. bidens*, 100 ×); *d* das A. ist tief
eingeschnitten zweizipflig (*P. aurea*, 65 ×); *e* das A. besteht aus einigen Zellfäden (*P. fusca*, 100 ×); *f* es sind fast nur Schleimpapillen vorhanden (*P. subviminea*, 400 ×).

darf jedoch nicht überschätzt werden. Arten mit arrekten oder weit ampliaten Blättern haben im allgemeinen keine entfernte Blattstellung.

Das Blatt, seine Form, Gliederung und Stellung, ist das wichtigste Merkmal überhaupt. Aber erst sein feinerer Bau macht es für die Systematik ganz unentbehrlich.

c. DAS AMPHIGASTRIUM.

Amphigastrien sind stets anzutreffen. Sie sind recht mannigfach gestaltet (vgl. auch Abb. 5). Man könnte zwei Gruppen unterscheiden

1. Zu den Arten mit flächigen A. gehört nur eine kleine Zahl von *Plagiochilen*. Die *Cucullatae* zeichnet dieses Merkmal aus. Bei den *Hypnoides*, *Crispatae* und *Villosae* ist es in ähnlicher Weise ausgebildet. Ein eigener, seltener Typus tritt bei manchen Vertretern der *Bursatae* und *Caversii* auf. In der Austral-Antarktis ist das flächige A. sehr selten.

2. Die Mehrzahl der Arten besitzt rudimentäre A. Sie bestehen aus einigen, ev. basal verbundenen Zellfäden; sie können bis zu einem zweizelligen Gebilde reduziert sein (*P. bidens*).

Das flächige A. ist beschränkt systematisch verwendbar. Als Artmerkmal ist es in beiden Ausbildungsformen mitunter recht wertvoll. Durch ihre A. sind *P. bursata*, *Rutlandi*, *glomerulifera*, *fusca* u.a. fast schon genügend charakterisiert.

2. TEIL: DIE SEXUALORGANE UND IHRE HÜLLEN

a. DIE ANDROECEEN.

Die Stellung der Androeceen am Spross, die systematisch sehr wichtig ist, teilt die Arten in zwei Gruppen:

1. Die Antheridienähren stehen terminal in bündeliger Anhäufung. Diese Stellung treffen wir bei den meisten, später (S. 148) zu den *Eury-Plagiochilen* zusammengeschlossenen, unter sich verwandten Sektionen, ausserdem bei den *Fuscae* und *Hylaecoetes* an. Bei den *Eucucullatae* kommt zu der fächerartigen Androeceenstellung noch die Ganzrandigkeit der Brakteen.

2. Vor allem bei den verzweigten Arten ist die einfach-endständige oder intermediäre Stellung der Brakteen anzutreffen. Mitunter kann man 2 oder 3 fach wiederholte, intermediäre Antheridienstände fin-

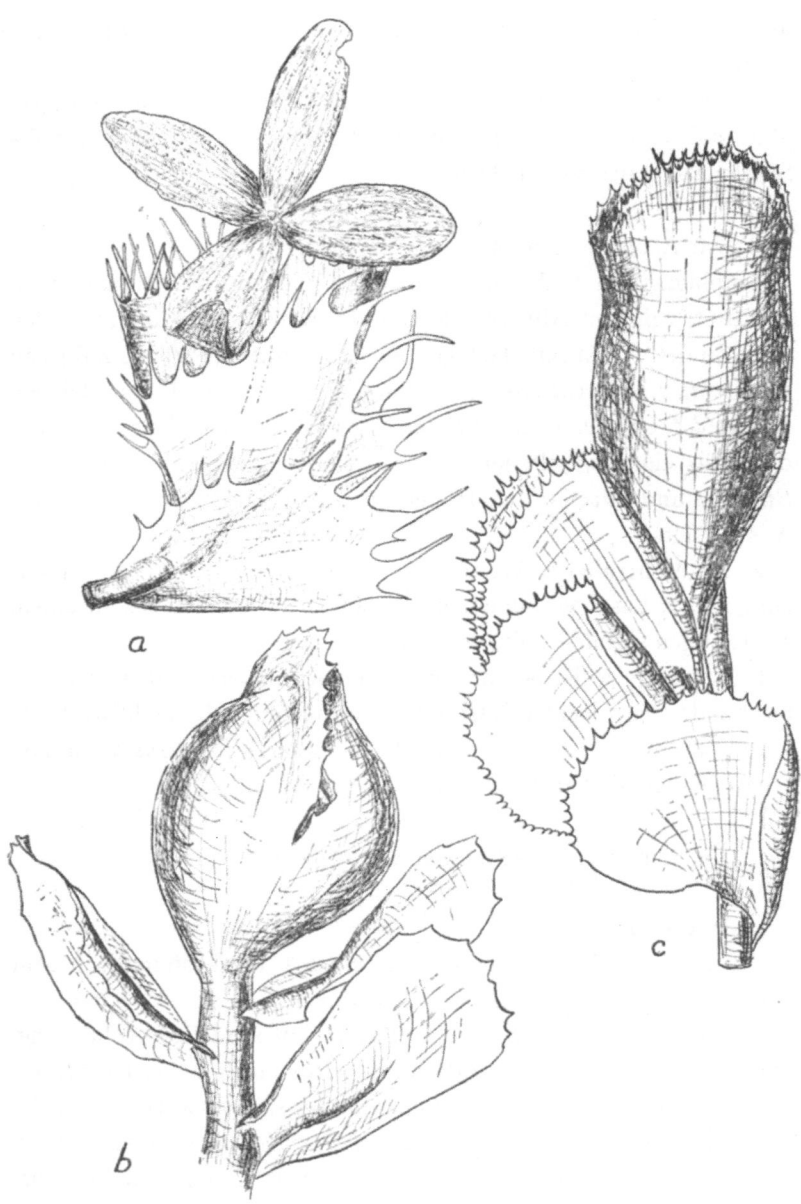

ABB. 6. Die drei Typen der Perianthform.
a taschenförmige Gestalt (*P. acanthophylla*, 15 ×); *b* kugelige Gestalt (*P.* *angulata*, 25 ×); *c* röhrige Gestalt (*P. gigantea*, 10 ×).

den. Die Anzahl der Brakteen scheint systematisch nicht brauchbar
zu sein.

Der Bau der Brakteen ist im allgemeinen recht gleichförmig, Ver-
wachsungserscheinungen (*P. annotina, Cucullatae*) treten mitunter
auf. Die Zahl der Antheridien in einer Braktee kann als Artcharakter
verwendet werden.

b. PERIANTH UND INVOLUKRUM.

Dem Perianth kommt nur verhältnismässig geringer systematischer Wert zu (wenn wir die Wichtigkeit als Artmerkmal ausser Betracht lassen), da es ziemlich gleichförmig auftritt. Auch dem Merkmal des Dorsalflügels ist wenig Bedeutung beizumessen, wenn wir
auch z.B. geschlossene Formenkreise (*Peculiares, Zonatae*) kennen
ohne Perianthanhang.

Es liessen sich drei Formen von Perianthien unterscheiden, die
röhrigen, die taschen- oder glockenförmigen und die kugel- oder birn-
förmigen (vgl. Abb. 6). Die erste und zweite Gruppe haben das Charakteristikum eines *P.*-Perianths, die seitliche Abflachung, gemeinsam. Langgestreckte Perianthien (Typus 1) sind weniger häufig. Wir
finden sie z.B. bei verschiedenen austral-antarktischen Arten (*Longiflorae, Giganteae*). — Stärker aufgeteilte Perianthmündungen und
Dorsalflügel treten bei den taschenförmig gebauten Perianthien auf,
die am häufigsten in der Gattung sind. — Der austral-antarktische
Florenkreis besitzt als Merkwürdigkeit Arten mit kugel- oder birn-
förmigen Perianthien. Hierher gehören z.B. *P. Gayana, angulata,
lophocoleoides* u.a.

Die Involukralblätter sind kaum systematisch wertvoll. Sie sind
oft grösser und reicher gegliedert als die normalen Blätter. Man
könnte zwei Typen unterscheiden, je nachdem sie dem Perianth
schützend eng anliegen oder sparrig wegstehen. Aber dieses Merkmal
ist in gewissen Artengruppen wenig konstant.

c. DIE GESCHLECHTSVERTEILUNG.

Von allen Arten, die STEPHANI im II. und VI. Band anführt, sind
nur drei, *P. monoica, autoica* und *interrupta* als monöcisch angegeben.
Die eine von diesen gehört in ein eigenes Genus als *Pedinophyllum
interruptum*. Es bleiben noch *P. monoica* und *autoica* übrig. Wenn
kein Beobachtungsfehler vorliegt, muss man notwendig annehmen,

dass beide Arten eben keine *Plagiochilen* sind. Stimmen sie wirklich in allen Merkmalen zu dem plagiochiloiden Typus, muss eben auf ihnen ein neues Genus begründet werden. Wir haben wohl Gattungen, in denen monöcische und diöcische Arten zugleich vorkommen, aber wie man sich vorstellen soll, dass in einem abgeschlossenen Kreis von über 1300 diöcischen Spezies l e d i g l i c h z w e i monöcisch sein sollen, weiss ich nicht. Ich definiere demzufolge als *Plagiochilen* nur diöcische Pflanzen.

3. TEIL: DIE VEGETATIVE VERMEHRUNG

Drei Arten von vegetativen Vermehrungserscheinungen lassen sich unterscheiden:

1. Die Vermehrung durch Brut- oder Bruchblätter ist wenig verbreitet. Sie eignet zwei Sektionen des neuweltlichen Florenreichs, den *Bidentes* und *Choachinae*, und ist auch bei einigen paläotropischen Arten (*P. gymnoclada* z.B.) anzutreffen.

2. Viel häufiger ist die Vermehrung durch Brutsprösschen, die auf der Blattunterseite jeweils aus einer Laminazelle entstehen. Sie tritt zwar bei Vertretern des austral-antarktischen Florenkreises überhaupt nicht auf, dafür aber in verschiedenen Sektionen der Alten und Neuen Welt, die vielleicht phylogenetisch näher verknüpft sind. Es wären anzuführen die *Hypnoides, Crispatae, Parallelae, Villosae* und *Infirmae* (der *hypnoides*-Zellnetztypus ist überall vorhanden).

3. Nur gelegentlich ist eine Vermehrung durch Brutkörper anzutreffen, sie sich aus der Marginalzone des Blattes, besonders der des apikalen Endes ausgliedern. *P. exesa* und *pluma* könnten als Beispiele dienen.

III. ABSCHNITT: AUFSTELLUNG DER ARTENTYPEN UND VERSUCH EINER GLIEDERUNG

Diesem Hauptkapitel sind einige Bemerkungen vorauszuschicken:

1. Die „Übersicht der Sektionen", die jedem Florenreich vorangestellt ist, soll lediglich die Orientierung innerhalb der Artengruppen etwas erleichtern helfen, und kein Bestimmungsschlüssel i. e. S. sein. Ein solcher ist erst möglich, wenn die Formenkreise eines Florengebietes nach Zahl und Umfang noch besser bekannt sind. Auf dem Weg über derartige Sektionsübersichten scheint mir später auch die Abfassung eines Bestimmungsschlüssels der Gattung möglich zu werden.

2. Der grösste Teil der angeführten Arten wurde von mir selbst untersucht. Wo eine Probe nicht vorlag, ist die betreffende Art durch ein vorgesetztes + kenntlich gemacht. Es wurden hierbei nur solche Arten aufgenommen, die nach der Diagnose STEPHANI's (bezw. des Autors), sowie den beigegebenen Abbildungen als zu der betr. Sektion gehörig einwandfrei erkannt wurden. Unsichere oder zweifelhafte Arten wurden fortgelassen oder als solche bezeichnet.

3. Von einer Verknüpfung mehrerer zusammengehörender Sektionen zu grösseren Verbänden wurde Abstand genommen, da sie nicht durchgehend und zweifelsfrei durchgeführt werden kann. Es wurde aber bei den einzelnen Sektionen auf eine ev. bestehende Verbindung und verwandtschaftliche Beziehung mit anderen hingewiesen.

4. Die den Vertretern einer Sektion vorangestellte Charakteristik der Artengruppe berücksichtigt vor allem die auffälligen und leicht kenntlichen Merkmale mit besonderer Hervorhebung derjenigen, die in anderen verwandten Formenkreisen nicht wiederkehren. Eine vollständige Diagnose einer Sektion konnte und sollte nicht gegeben werden. Es war vielmehr vor allem die Herausstellung des T y p u s beabsichtigt.

5. Als Reihenfolge der Sektionen wurde diejenige gewählt, die sich

aus der vorangestellten Übersicht ergibt. Eine Zusammenstellung nach dem Verwandtschaftsgrad ist schwer konsequent durchführbar. Es kommen übrigens auch auf diese Weise zusammengehörige Sektionen öfters nebeneinander zu stehen.

6. Von einer Angabe der Zellgrösse bei den einzelnen Arten wurde Abstand genommen. Durch die starke Berücksichtigung des Zellnetzmerkmales kommen sowieso Arten mit dem gleichen Zellnetz t y p u s in dieselbe Sektion. Treten irgendwo innerhalb einer Sektion Abweichungen auf, so sind dieselben vermerkt.

7. Die neuen Herbararten von Prof. HERZOG wie die von mir aufgestellten Species werden demnächst veröffentlicht werden.

ÜBERSICHT DER SUBGENERA

1. Das Blatt ist in seiner G e s a m t h e i t zu einem halbkugelig oder sackförmig gestalteten Behälter umgebildet . . Subgenus **Cucullifoliae.**

— das Blatt ist anders gestaltet, in seltenen Fällen besitzt es in der Nähe der ventralen Insertion einen Wassersack . . . . 2.

2. Die Blätter stehen genau opponiert und sind ev. an der Insertion sogar gegenseitig verwachsen . . . . Subgenus **Oppositae.**

— die Blätter sind wechselständig . . . . Subgenus **Eu-Plagiochilae.**

SUBGENUS CUCULLIFOLIAE CARL.

Diesem Subgenus gehört *P. cucullifolia* als einzige Art an, die infolge ihrer eigentümlich gestalteten Blätter eine ganz isolierte Stellung in der Gattung einnimmt. Ob diese merkwürdige Pflanze nicht zu einem selbständigen Genus erhoben werden muss, kann erst das eingehende Studium des Perianths endgültig entscheiden. Ich konnte nur männliche Pflanzen untersuchen. An den Brakteen, die in der Achsel gewöhnlich 3 Antheridien besitzen, finde ich keine Besonderheit. Nur auf Grund der halbkugeligen Blätter und des für eine *Plagiochila* allerdings sehr weiten Zellnetzes (Basalzellen über 100 μ) kann ich mich zur Aufstellung einer Gattung nicht entschliessen.

P. cucullifolia Jack et St., Hedwigia, 1892, p. 24.

Untersucht: Costarica, Standley n. 50553.

Wir werden die Blätter als Wasserfänger ansprechen müssen. Ein genaues morphologisches Studium der Art wäre sicher recht lohnend.

SUBGENUS OPPOSITAE CARL.

Dieses in der Alten wie Neuen Welt und Neuseeland verbreitete Subgenus hebt sich als ein recht natürlicher Artenkreis heraus. Das Merkmal der opponierten Blätter macht es zu einer sehr leicht kenntlichen Gruppe, die sich vielleicht gar als selbständige Gattung abgrenzen lässt. — Die im trockenen Zustand an den Stengel seitlich angelegten, in feuchtem Zustand sparrig beiderseits oft unter weitem Winkel abstehenden Blätter geben den Pflanzen ein besonderes Aussehen. — Die Perianthien sind im allgemeinen flügellos, nur bei *P. combinata* ist ein Dorsalkiel angegeben und von *P. zygophylla* schreibt SPRUCE sogar „p. utrinque alata". Auffällig ist die starke Gliederung der Blattränder in der Floralregion. *P. opposita* hat z.B. ein doppeltgezähntes Perianth und die sonst ganzrandigen Blätter von *P. Brauniana* haben im Bereich der Gametangienregion reichliche, grobe Dornen und Zähne. Wenn auch ganz allgemein die Blätter der Floralzone kräftiger entwickelt und reicher gegliedert zu sein pflegen, so ist diese Eigenschaft hier besonders deutlich ausgebildet. Wir haben einen ähnlichen Fall bei japanischen *Plagiochilen*, wie etwa *P. jungermannioides* und *rikuzana*, die aber k e i n e gegenständigen Blätter haben. Dieses Merkmal ist also mit Vorsicht zu gebrauchen.

Es ist verlockend, alle *Oppositen*, die amerikanischen, asiatischen und neuseeländischen als eine Gruppe von recht nahe miteinander verwandten Arten aufzufassen. Trotzdem kann das nur mit Einschränkung geschehen. Dem Gedanken an eine weltweite Verbreitung dieser Gruppe — es würde das auf eine frühe Entstehung hindeuten —, steht die Tatsache im Weg, dass von Afrika, soweit ich feststellen konnte, keine *Oppositae* bekannt sind. Die Annahme, die *Oppositae* hätten über die Antarktis ihren Weg nach Südamerika gefunden, wirkt dadurch unwahrscheinlich, dass in Patagonien und Chile bis jetzt keine *Oppositae* gefunden wurden. Dass vielleicht gar dieses Merkmal der Blattstellung in verschiedenen Verwandtschaftskreisen getrennt aufgetreten sein kann, lassen die verschiedenen gut abgegrenzten Formenkreise der asiatischen *Oppositae* als nicht unmöglich erscheinen.

1. Neotropisches Florenreich

Es ist genau zu prüfen, ob die von STEPHANI zu den *Oppositae* gestellten Arten des tropischen Amerika wirklich hierher gehören. Ein

Teil von ihnen ist augenscheinlich der Gattung *Syzygiella* zuzuweisen (z.B. *P. cuencensis, ligulato-opposita*), andere (*P. connatistipula*) entfernt schon das verwachsene Involukralamphigastrium aus unserer Gattung, wieder andere (*P. Jensenii*) haben gar keine gegenständigen Blätter.

1. **P. reclinata** Herzog n. sp. in herb.
Untersucht: Columbia, Killip n. 19327.

+2. **P. Bryhnii** St. in Herzog, Die Bryophyten...., 1916, p. 192.
Diese Art ist sicher mit der vorhergehenden näher verwandt.

II. Paläotropisches Florenreich

Gruppe 1. Die aus keilförmiger Basis entspringenden rundlichen Blätter der zierlichen Pflanzen tragen eine geringe Zahl sehr grosser gekrümmter Blattzähne. — Hierher könnte vielleicht auch *P. subgunniana* (N.-Guinea) zu nehmen sein, ferner *P. samoana*, die jedoch STEPHANI nur abbildet, ohne sie zu beschreiben. Sicher gehört wohl die ebenfalls nur abgebildete *P. Pfefferi* (Philippinen, Merrill) hierher, wo das Zellnetz und die Involukralblattgliederung darauf hindeuten.

1. **P. opposita** (Nees) Dum., Rec. d'obs., p. 15.
Jung. Nees in Acad., Nat. Cur. 12 ,p. 236. — *P. zygophylla* Tayl., J. of Bot., 1846, p. 271. — *P. geminifolia* Mitten in Seemann, Flora Viti, p. 408.

Untersucht: Java, Renner n. 37a; — Java, Burgeff n. 8151; — Molukken, Ceram, Stresemann (06); — Südcelebes, Warburg (var. *brevidens* Schffn.).

Das von DUGAS als zu *P. opposita* gehörige abgebildete Blatt stammt sicher von einer ganz anderen Pflanze, da es ganzrandig ist. Die vittaähnliche basale Zellanordnung kommt bei den Involukralblättern klar zum Ausdruck. In den Achseln der Brakteen fand ich stets nur ein Antheridium, dasselbe gibt auch SCHIFFNER für *P. Brauniana* an. Vielleicht ist diese Eigenschaft Gruppenmerkmal?

+2. **P. pachycephala** De Not., Epat. di Borneo, 1874, p. 14.

Trotz der weniger reich gegliederten Perianthmündung und der anderen Zellverdickungen wird diese Pflanze hier stehen müssen.

Gruppe 2. Das viel weitere und starkknotig verdickte Zellnetz trennt diese Gruppe von der vorhergehenden. Die Blätter sind ausserdem nicht randgegliedert, sondern ganzrandig.

1. **P. Brauniana** Nees in Ldbg., Nova Acta, 1874, p. 117; — *Jung.* Nees, in Hep. Jav., Fasc. I, p. 80.

Untersucht: Java, Verdoorn, n. 3317; — Java, Schiffner, It. Ind. n. 706.

Obwohl Dugas „pas de vitta" angibt, finde ich einen stark hervorgehobenen basalen Zellbezirk. Reimers (29) hält es für möglich, dass *P. opposita* und *Brauniana* zu einer Grossart vereinigt werden könnten, da Schwankungen in der Randgliederung der Blätter vorkommen. Nach meinen Proben zu urteilen, dürfte das gänzlich abweichende Zellnetz diese Vereinigung kaum zulassen.

+2. **P. Eatoniana** Austin in Evans, Conn. Acad., 1891, p. 5.

Diese Art wird von Evans mit *P. Brauniana* verglichen und beider nahe Verwandtschaft hervorgehoben.

III.   Austral-antarktisches Florenreich

Die 3 hierher gehörigen Arten sind nur von Neuseeland bekannt. In der Tat stehen sie, wie auch schon andere Autoren vermuteten, einander recht nahe. Sie zeigen trotz der geographischen Trennung unverkennbare Beziehungen zur vorhergehenden Gruppe, aber ich finde z.B. bei *P. prolifera* gekrümmte Sprossenden.

1. **P. prolifera** Mitt., Fl. Nov. Zel. II, p. 131.

Untersucht: Neuseeland, Colenso n. 1077, (im Münchener Herbar unter dem Namen *P. connexa*). Diese Pflanze hat gezähnte Blätter, während *P. connexa* stets ganzrandige Blätter hat.

Man muss vorsichtig sein in der systematischen Verwertung des Verwachsungsgrades der Blätter. Ich habe an der Probe gefunden, dass an einem Exemplar sehr wohl kurz verwachsene wie freie Blätter vorkommen. Vor allem ist eine Unterscheidung der 3 Arten auf Grund dieses Merkmals kaum durchzuführen.

+2. **P. connexa** Taylor, J. of Bot., 1846, p. 266.

+3. **P. conjugata** (Hook.), Dum., Rec. d'obs., p. 15.

SUBGENUS EU-PLAGIOCHILAE CARL

Bei weitem der grösste Teil der *Plagiochilen* gehört diesem Subgenus an.

I.   Neotropisches Florenreich

Über 200 verschiedene Arten dieses Florengebietes konnten be-

ABB. 7. *a P. fuscolutea* (Hzg.) nat. Gr.; — *b P. implexa* (Standl.) nat. Gr.; — *c* und *d P. hylaecoetis* (Lützelb.) junges Perianth und Involukralblatt, 18 × ; — *e P. gibbosa* (Standl.) 8 × ; —*f P. hypnoides* (Standl.) 18 × ; — *g P. adiantoides* (Ell. 1088) 8 × ; — *h P. subviminea* (Hzg.) 18 × ; — *i P. Bunburyi* (Hoehne) nat. Gr.; — *k P. crispata* (Woron. 19) 18 × ; — *l P. hypnoides* (Woron. 73) Amphig., 46 × .

rücksichtigt werden. Die 19 Sektionen, die zu unterscheiden sind, zeigen, dass dieses neben der mittleren Indomalaya vielleicht am besten bekannte Florenreich eine grosse Zahl eigener Typen beherbergt. Die Hälfte der angeführten Sektionen sind schon auf Grund weniger Merkmale klar zu erkennen. Eine besondere Ausdifferenzierung des Ventralrandes ist den *Crispatae* und *Hylaecoetes* eigentümlich, durch ihr Zellnetz und die zerschlitzten Blätter weisen sich die *Bursatae* aus, an ihrem stattlichen Wuchs, an Blattform, -grösse und -stellung die *Superbae* usw.

Schroffe Gegensätze zwischen den Sektionen schaffen gute Grenzen. Hier die fädig-feine, zierliche *bidens*-Gruppe, dort die prächtigen und üppigen *Superbae*. Den wunderschön kammähnlich beblätterten *Hypnoides* stehen auf der anderen Seite die *Arrectae* mit den steil aufgerichteten, der Sprossachse mit den Flächen zugewandten Blättern gegenüber.

ÜBERSICHT DER SEKTIONEN

1. Sehr stattliche, bis 16 cm lange, steife Pflanzen, Blätter, Involukrum und Perianthmund ganzrandig. Perianthien sehr breit (bis 5 mm) . . . . .
Section Fuscoluteae (S. 46)
— Pflanzen meist kleiner. Blätter sehr selten, Perianthmündung n i e ganzrandig . . . . 2.

2. Äusserst zarte, mitunter fädig-feine Pflanzen, Blätter entferntstehend, meist nur 1 mm lang, Blattspitze 2- oder 3-zipflig. Die Längswände der Zellen sind nicht balkig verdickt, Neigung zur Brutblattbildung vorhanden . .
Sektion Bidentes (S. 46).
— Pflanzen kräftiger oder recht ansehnlich, Blätter anders gestaltet . 3.

3. Der ventrale Blattrand ist sehr stark gewellt oder gekräuselt oder das basale Ende bis zur Insertion zu einem wassersackähnlichen Gebilde nach aussen umgeschlagen oder beides zugleich; häufig ist ein kleines, zerschlitztes, flächiges Amphigastrium vorhanden, meistens finden sich blattbürtige Brutsprosse . . . . **Sektion Crispatae** (S. 48).
— Der ventrale Blattrand ist glatt, höchstens in Insertionsnähe ganz schmal nach aussen umgelegt, ohne aber einen Wassersack zu bilden . . 4.

4. Der basale Blatthinterrand ist herablaufend und sehr stark durch einen dichten Wimperbesatz randgegliedert. Der ebenfalls etwas abwärts laufende Flügel des Dorsalrandes ist kammförmig bezahnt. Die verlängert-dreieckigen Blätter stehen in dichter Folge, die Antheridienstände finden sich terminal, oft in büscheliger Anhäufung . . . . **Sektion Hylaecoetes** (S. 50).
— Der basale ventrale Rand ist gegenüber dem übrigen Blatt in der Gliederung nicht hervorgehoben, nur bei einer Art (*P. blepharobasis*) sind einige Wimpern vorhanden, aber der Dorsalflügel des Blattes ist dann vollkommen ganzrandig . . . . 5.

5. Die Blätter sind mit ihrer ganzen Fläche seitlich der Sprossachse angelegt (und decken sich gegenseitig) oder selten auffallend stark einseitswendig herabgekrümmt, wobei die Laminae mit der Sprossflanke einen grösseren Winkel bilden können. Blätter von rundlicher Form, nur am Dorsalrand glattrandig, meist eingeschnitten-gezähnt. Der Dorsalrand ist sehr stark nach aussen umgeschlagen („cnemis") . . **Sektion Arrectae** (S. 52).

— Die Blätter sind flach zweizeilig ausgebreitet, seltener auch einseitswendig, dann meistens nicht so deutlich und nie aufrecht stehend mit der gesamten Fläche der Achse zugekehrt, der Dorsalrand ist dann nicht so auffällig umgeschlagen . . . . 6.

6. Blätter der mittelgrossen Pflanzen flach zweizeilig ausgebreitet, sehr dicht schuppenartig aufeinanderfolgend, sich häufig zu einer Crista formierend. Beblätterungsweise an *Mastigobryum* erinnernd. Mitunter sind flächige Amphigastrien oder blattbürtige Brutsprosse anzutreffen. Zellen nur mittelgross . . . . **Sektion Hypnoides** (S. 55).

— Blätter stark ausgebreitet, mitunter auch dichtstehend, aber dann vom vorigen Typus stark verschieden oder auch ± einseitswendig am Spross
7.

7. Sehr stattliche Pflanzen von meist grüner, nicht brauner Farbe. Blätter sehr gross, in einer Ebene ausgebreitet, gewöhnlich imbrikat sich deckend, mit einer ventral-basalen Erweiterung, eiförmig-dreieckig oder -verlängert. Flächige Amphigastrien sind nicht vorhanden. Zellnetz ausgesprochen lokkerzellig mit pellucidem Lumen, Apikalzellen über 30 μ (Subs. 1), selten kleiner und dann stark eckverdickt (Subs. 2). Androeceen stehen terminal in büscheliger Anhäufung (Subs. 1), selten auch intermediär (Subs. 2) . . . .
Sektion Superbae (S. 59).

— Blätter einseitswendig oder flach zweizeilig, dann aber meistens entfernt stehend ohne endständige bündelige Antheridienähren (Ausnahme *Subplanae*) — oder seltener sich deckend von brauner Farbe — oder ohne eine über den Stengel greifende basalventrale Erweiterung — oder aber ampliat mit auffällig längsverdickten Zellwänden (*Caversii*) . . . . 8.

8. Zellwände sehr stark in der Längsrichtung verdickt. Zellen sehr stark langgestreckt. Blätter langgestreckt, mitunter mit leicht bauchigem Ventralrand, häufig in Lacinien auslaufend, selten ist ein lanzettähnliches oder zipfliges Amphigastrium vorhanden . . . . 9.

— Zellen anders gestaltet 10

9. Blätter linealisch oder oval-gestreckt, nicht ampliat, apikal in Lacinien zerschlitzt, fast immer entfernt stehend, selten sich gegenseitig berührend
Sektion Bursatae (S. 65).

— Blätter ventral asymmetrisch ausgebaucht, öfters ampliat, gewöhnlich schwach sichelig herabgekrümmt, nur bei einer Art in Lacinien auslaufend (*P. trilaciniata*), sonst nur gezähnt, mitunter sehr gering . . . .
Sektion Caversii (S. 68).

10. Pflanzen von sehr schlaffem Bau. Blätter ausserordentlich breit inseriert mit breitem herablaufendem Dorsalflügel, trapezähnlich gestaltet,

nach der Basis zu n i c h t verschmälert, bis 5 mm gross, sich nicht imbrikat deckend. Pflanzen ± regelmässig fiederig verzweigt. Weitlumige, vollständig unverdickte, polygonale Zellen, an den *contingens*-Typus erinnernd. Die dunklen Sprossachsen heben sich von den hellen Blättern oft sehr stark ab . . . .**Sektion Glaucescentes** (S. 70),

— Pflanzen nur selten schlaff gebaut. Die langgestreckte Insertion und der breite herablaufende Dorsalflügel sind nicht vorhanden. Blätter anders gestaltet . . . . 11.

11. Blätter rundlich, ringsum randgegliedert, mit sehr dichtstehenden Zähnchen (selten Dornen), stark ampliat, kurz inseriert, mitunter Blattrand gesäumt. Nur wenig, selten bündelig verzweigt. Pflanzen braun, oft recht dunkel gefärbt, Blätter häufig einseitswendig . . . .
Sektion Minutidentes (S. 72).

— Blätter nicht rund, höchstens breit dreieckig, häufiger eiförmig oder oval-verlängert oder ligulat oder linealisch . . . . 12.

12. Recht stattliche Pflanzen von ca. 10 cm Spross- und 3 mm Blattlänge, auffallend braun gefärbt, Blätter einseitswendig stehend, breit- oder eiförmig-dreieckig . . . . **Sektion Permistae** (S. 73).

— Blätter flach zweizeilig oder einseitswendig, dann aber mit viel kleineren und ganz anders gestalteten, weniger randgegliederten Blättern . 13.

13. Blätter breit elliptisch bis spatelähnlich, fast genau symmetrisch, Apikalende kreisrund, basalwärts etwas verschmälert, am Rand spitze, gewöhnlich zwei-zellige regelmässige Zähne, die zur Blattspitze gerichtet sind, Blätter entfernt stehend oder sich höchstens berührend. Zellnetz nach Art des *contingens*-Typus mit hexagonalen, angulär nur schwach verdickten Zellen . . . . **Sektion Alternantes** (S. 75)

— Blätter von anderer Form, Apikalende nicht kreisrund, Rand der oberen Blatthälfte nicht mit kleinen Zähnen regelmässig besetzt . . . 14.

14. Das Zellnetz gehört zum *contingens*-Typus. Die flach zweizeilig ausgebreiteten Blätter sind entfernt bewimpert und berühren oder decken sich nur schwach. Endständige, mitunter auch bündelige Antheridienähren vorhanden. Blattanheftung entspricht dem *Patulae*-Typus . . . .
Sektion Subplanae (S. 76).

— Blattrand ohne Wimpern, gewöhnlich gezähnt, selten an der Spitze laciniiert. Zellnetz andersartig oder ebenso lockerzellig, dann aber einseitswendige Pflanzen (*Rutilantes*) oder Pflanzen mit linealischen Blättern (*Cobanae*) . . . . 15.

15. Blätter schmal, linealisch oder ligulat, über 2 × länger als breit, flach zweizeilig ausgebreitet, nicht einseitswendig mit ± parallelen Rändern, apikal abgerundet, abgestutzt oder zugespitzt, nur an der oberen Hälfte randgegliedert . . . . 16.

— Blätter einseitswendig oder flach ausgebreitet, dann aber rundlich, oder oval oder eiförmig-verlängert . . . . 17.

16. Pflanzen locker bäumchenförmig verzweigt. Blätter ligulat, entfernt bis leicht imbrikat, trocken, etwas tütenartig eingerollt, ventralbasaler

Randteil deutlich etwas nach aussen umgeschlagen. Mitunter blattbürtige Brutsprosse vorhanden. Zellen mittelgross, Pflanzen nicht schwärzlich, gewöhnlich grünlich gefärbt . . . . **Sektion Parallelae** (S. 78).

— Pflanzen wenig verzweigt, sehr häufig dunkel-olivgrün oder schwärzlich gefärbt. Blätter lang linealisch, apikal sich verjüngend, ventralbasaler Randteil nicht deutlich nach aussen umgelegt. Zellen an den *contingens*-Typus erinnernd . . . . **Sektion Cobanae** (S. 79).

17. Blätter in einer Ebene ausgebreitet, eiförmig oder oval-dreieckig, nicht ampliat und nicht stark imbrikat. Winkel sehr spitz, bei etwa 50° liegend. Perianthien stets mit Dorsalflügel. Mittelgrosse Pflanzen . . . . .
Sektion Contiguae (S. 81).

— Blätter deutlich einseitswendig, meistens in entfernter Stellung, oder selten flach zweizeilig ausgebreitet, dann aber mit Kutikularstruktur oder ventral weit herabsteigenden spitzen Zähnen . . . . 18.

18. Häufig zarte Pflanzen. Blätter ampliat oder nach dem Patulae-Typus, entfernt oder auch sich deckend, rundlich oder oval oder eiförmig. Apikalzellen unter 30μ. Brutblattbildung sehr verbreitet . . . .
Sektion Choachinae (S. 81).

— Blätter deutlich einseitswendig sparrig abstehend, von derber Struktur, stets weit voneinander entfernt, eiförmig-dreieckig bis oval-verlängert, Brutblattbildung nicht vorhanden. Pflanzen mit steifen Sprossachsen, dunkel gefärbt. . . . . **Sektion Rutilantes** (S. 83).

SEKTION FUSCOLUTEAE

Einen eigenen auffälligen Typus stellt *P. fusco-lutea* dar. Die langen, steifen, kaum verzweigten Sprosse der glattrandigen, dorsal stark ablaufenden Blätter, vor allem jedoch die riesigen, an der Öffnung bis 6 mm breiten Perianthien kennzeichnen diese prachtvolle Pflanze. — Die ganzrandige Perianthmündung ist für eine *Plagiochila* aussergewöhnlich. Mir ist nur ein Formenkreis aus Japan (*P. integra* usw.) bekannt mit der gleichen Erscheinung. — Ein Anschluss an andere Sektionen ist höchstens bei den *Caversii* möglich, die sich durch ihr Perianth unterscheiden (Abb. 7*a*).

P. fusco-lutea Tayl., J. of Bot., 1846, p. 263;

P. gymnostoma J. et St., Hedwigia 1862, p. 25.

Untersucht: Nova-Granada, Wallis; — Bolivia, Herzog n. 2842; — Columbia, Troll, n. 2 096 und 2 194*a*.

SEKTION BIDENTES

Diese Sektion enthält die zierlichsten Pflänzchen des ganzen Geschlechts mit zarten, leicht zerbrechlichen, fädig-feinen Sprossen und Blättern von meist nur 1 mm Länge. Das Blatt ist etwa eiförmig nach der Basis zu verschmälert zugeschnitten, nur bei *P. bidens* finden wir auch fast parallele Ränder. Die Blätter stehen entfernt und schräg zur Sprossachse. Die Blattspitze ist 2- oder 3-, ganz selten 4-zipflig. Die Amphigastrien sind weitgehend reduziert und werden bei *P. bidens* z.B. nur noch durch 1 bis 2 Zellen, denen die Schleimpapille aufsitzt, dargestellt. Gewisse Arten der *bursata*-Gruppe, die ebenfalls ein dreizipfliges Blatt haben, sind an dem Zellnetz gut zu unterscheiden. Die *Bursatae* haben ausgesprochen langgestreckte Zellen mit bevorzugt verdickten Längswänden. Selbst die Basalzellen sind in unserer Sektion nur wenig gestreckt und höchstens in den Ecken verdickt. Ausserdem ist das Zellnetz ziemlich weitlumig, was unsere Arten auch von der *choachina*-Gruppe entfernt. Aber wie in dieser Gruppe, mit der vielleicht dennoch eine verwandtschaftliche Beziehung bestehen könnte, finden wir bei den *Bidentes* eine Neigung zur Vermehrung durch Brut- oder Bruchblattbildung.

Ob die altweltliche Sektion *Capillares* zu unserer Gruppe Beziehung hat, wage ich nicht bestimmt zu entscheiden. Die sehr zierlichen *Plagiochilen* des tropischen Asiens mit ähnlichen Blattformen sind aber bei weite nicht so einheitlich wie die amerikanischen und müssen augenscheinlich auf verschiedene Formenkreise verteilt werden.

Es kann übrigens eine Entwicklungslinie in der Apikaldifferenzierung des Blattes aufgezeigt werden. Während wir noch bei *P. bidens* und *bicuspidata* das zweizipflige Blatt haben, wird der dritte Zipfel, der hier nur gelegentlich auftritt, ohne an Grösse die beiden anderen zu erreichen, bei *P. trifida* diesen schon fast ganz angeglichen. Eine weitere Steigerung bedeutet *P. loriloba*, bei der die 3 Zipfel aussergewöhnlich, fast bandartig, verlängert werden, so dass das Blatt bis über die Hälfte zerschlitzt wird.

Vielleicht fällt auf, dass die europäische *P. tridenticulata* hier ihren Platz gefunden hat. Nähere Ausführungen finden sich S. 155. (Abb. 2. 2; — 2. 18; — 5*c*).

1. **P. bidens** G., Ann. sc. nat., 1857, p. 322.
Untersucht: Dominica, Elliott n. 1144; — And. Quit., Tunguragua, Hep. Spr.

+2. **P. bicuspidata** G., Hep. Mex., 1767, p. 139.

3. **P. cuneata** L. et G., Syn. Hep., p. 632.
Untersucht: Costarica, Standley n. 39174 und 47469 (var. *bicuspidata* G.).

+4. **P. trifida** St., Spec. Hep., Vol. IV, p. 232.

5. **P. loriloba** Herzog n. sp. in herb.

Untersucht: Columbia, Killip n. 6686a.

6. **P. tridenticulata** (Hook.) Dum., Rec. d'obs., 1835, p. 15.

P. spinulosa var. *tridenticulata* Hook., brit. Jung., tab. 14.

Untersucht: Schottland, Macvicar (1901).

Dass *P. tridenticulata* nicht zunächst mit *P. punctata* verwandt ist, wie SCHIFFNER vermutet, scheint sich mir aus dem Unterschied im Zellnetz zu ergeben. Auch MÜLLER (27) hat darauf hingewiesen.

SEKTION CRISPATAE

Während alle andere Sektionen Blätter mit flachem, höchstens an der Insertion kurz umgeschlagenem Ventralrand besitzen, hebt sich eine durch die Weiterentwicklung des Hinterrandes charakterisierte Gruppe gut heraus. Bei diesen Arten ist nämlich der Ventralrand sehr stark wellig oder kraus, was besonders an den Seitenzweigen zum Ausdruck kommt. Mit dieser Eigenart, die nur ampliate, gewöhnlich dreieckige (bezw. -verlängerte) Blätter betrifft, geht eine stärkere Entwicklung der ventralen Insertion, die weiter ablaufend wird, einher. Die Blätter decken sich und bekommen durch die ventrale Randkräuselung eine etwas hohle Gestalt. Bei manchen Arten (*P. miradorensis, cucullata* z.B.) äussert sich die vermehrte Teilungstätigkeit des ventralen Blattes in der Ausbildung eines nicht scharf begrenzten basalwärts gelegenen Pseudo-Cucullums. Durch diese Differenzierung des Ventralrandes wird ein wirksamer Wasserfangapparat geschaffen.

Die nähere Verwandtschaft unserer Sektion mit den *Hypnoides* ergibt sich u.a. dadurch, dass die *Crispatae* stark zur Ausbildung eines flächigen Amphigastriums neigen, dass fast alle Arten einen dorsalen Perianthflügel haben, dass wir gewöhnlich schlaffe, mehrfach verzweigte Sprosse, vor allem aber bei fast allen Arten blattbürtige Brutsprosse und stets das Zellnetz nach dem *hypnoides*-Typ antreffen.

Es ist interessant, dass es also eine Parallele der altweltlichen *Cucullatae* im tropischen Amerika gibt. Aber diese Bildung eines Wassersacks ist als Konvergenzerscheinung in einem ganz anderen Verwandtschaftskreis aufgetreten, während bei den amerikanischen Arten, die zweifellos mit der altweltlichen Sektion in näherem Zusammenhang stehen (z.B. *Macrotrichae*) nirgends eine ähnliche Cucullumbildung aufgetaucht ist.

Bei *P. cucullata* und *mollusca* usw. sind zwar funktionell gleiche Gebilde aufgetreten, aber ihre strenge Lokalisation, wie sie bei den *Cucullatae* vorhanden ist, fehlt. Vielmehr ist eben der gesamte Ventralrand durch spätere Längs- und Querteilungen wesentlich erweitert worden. Übrigens ergibt sich aus der Entwicklungsgeschichte des Blattes von *P. corrugata* etwa, dass sich die Wassersackbildung mit der Wellung des Ventralrandes einleitet. Am fertigen Blatt derselben Art finden wir Wassersackbildung und Undulation gleichzeitig vor. Es genügt ein Hinweis, dass die starke Differenz der *Crispatae* von den *Cucullatae* sich vor allem in den verschiedenen Zellnetztypen, aber auch in der Stellung der Antheridienähren, ausspricht.

Soweit aus der Literatur ersichtlich, besitzt Afrika verschiedene Arten mit ähnlich unduliertem Ventralrand (*P. Cambouena, crispulocaudata* usw.). Sollte in diesen Arten eine Beziehung der beiden Kontinente zu suchen sein? — In unsere Sektion gehört übrigens auch eine von STEPHANI auf *P. pauciramea* getaufte, aber nicht beschriebene Art (Untersucht: Bolivia, Herzog, n. 3498, Orig.) (Abb. 2.14; — 7*k*.).

1. **P. Guilleminiana** Mont., in Ldbg., Spec. Hep., p. 152.

P. Haeckeriana L. et G., Syn. Hep., p. 644; — *P. oreocharis* Spruce, Edinb. Bot. Soc., 1885, p. 498. — *P. rhizophila* Spruce, Edinb. Bot. Soc., 1885, p. 495.

Untersucht: Bolivia, Buchtien n. 77 und 210; — Brasilia, Hoehne n. 261a; — Columbia, Killip n. 25515; — Columbia, Woronow n. 156; — Bolivia, Buchtien n. 192 (var. *spinossisima* Hzg.).

2. **P. subatra** St., Spec. Hep., Vol. VI, p. 213.

P. pauciramea St. in herb.

Untersucht: Bolivia, Herzog n. 5303 und 3498; — Costarica, Standley n. 45302; — Bolivia, Buchtien n. 20.

+3. **P. fastigiata** Ldbg. et G., Syn. Hep., p. 657.

P. sancta G., Hep. Mex., 1867, p. 168.

+4. **P. thyoides** Spr., Edinb. Bot. Soc., 1885, p. 498.

5. **P. madothecoides** Spruce, Hep. amaz. et and. exsicc.

Untersucht: And. Quit., Hep. Spr. (Orig.).

6. **P. miradorensis** G., Hep. Mex., 1867, p. 127.

Untersucht: Mexiko, leg.?

+7. **P. mollusca** Lehm., Nova stirp., Pug. X, 1857.

+8. **P. haitensis** St., Spec. Hep., Vol. II, p. 573.

P. Martiana var. β *tenerior?* G., Hep. Mex., 1867, p. 124.

+9. **P. cucullata** L. et G., Syn. Hep., p. 642.

10. **P. crispata** G., Hep. Mex., 1867, p. 167.

Untersucht: Mexiko, Woronow n. 119.

11. **P. caudato-decurrens** Herzog n. sp. in herb.

Untersucht: Costarica, Standley n. 43324.

12. **P. corrugata** (Nees) Mont., Ann. sc. nat. II, V, p. 52.

Jung. Nees in Mart., Fl. Bras., 1833, p. 378; — *P. ulophylla* Ldbg., Spec. Hep., p. 138; — *P. crispula* Nees, Syn., Hep., p. 59.

Untersucht: Brasilien, Gehrt n. 88; — Brasilien, Hoehne n. 53, 417, 836, 838, 840.

Die Art stellt das Extrem des Typus dar. Der Ventralrand dieser prachtvollen Pflanze ist fast mit einem *Carduus*-Blattrand zu ver-· gleichen; auch die Brakteenblätter sind stark randgewellt. — Übrigens liesse sich eine schöne Entwicklungsreihe der Hinterrandausbildung aufzeigen, die mit Formen wie *P. Guilleminiana* anfangend, schliesslich über *P. crispata* zu *P. corrugata* führen müsste.

SEKTION HYLAECOETES

Diese in sich gut geschlossene Sektion ist durch die besondere Randdifferenzierung sowie Gestalt des Blattes vortrefflich von der Masse der anderen *Plagiochilen* abgegrenzt, zu denen es keinerlei Übergänge gibt.

Die in dichter Folge stehenden Blätter der ansehnlichen und kräftigen Pflanzen haben etwa verlängert-dreieckige Gestalt, oft mit breitem Apikalteil, so dass auch fast eine ligulate Form erreicht werden kann. Die ventralwärts etwas ausgebauchten Blattlaminae können einander gegenseitig in der Sprossmitte zu einer kurzen Crista aufrichten, die aber nicht immer gut ausgeprägt ist. Die Blätter sind stark randgegliedert. Es besteht ein Unterschied in der Art der Randdifferenzierung insofern, als am Apikal- und Dorsalrand Zähne oder Dornen auftreten, die am Hinterrand nach der Basis zu an Länge zunehmen und zu sehr langen, dicht stehenden Wimpern werden. Der konkav gekrümmte Dorsalrand ist an seinem mittleren umgeschlagenen Teil fast oder ganz nackt, nach der Basis zu treten wieder Zähne auf, die dann schliesslich eine beinahe kammförmige Bezahnung des herablaufenden Flügels herbeiführen. Die Besonderheit des randgegliederten herablaufenden Vorderrandes tritt sonst kaum wieder in der Gattung auf. Ein noch besseres Merkmal gibt aber der ventrale Rand ab. Er trägt an dem am Stengel herablaufenden Flügel einen dichten Wimperbesatz. — Nur rudimentäre Amphigastrien sind vorhanden. — Die Antheridienstände sind, soweit bekannt, terminal am Spross angeordnet, oft in büscheliger Anhäufung, und bilden — STEPHANI gibt bei *P. Breuteliana* „bracteis ad 50-iugis" an — ährenartige Sprosse. Während *P. vincentina* gezähnte Hochblätter besitzt, sind die von *P. Breuteliana* ganzrandig.

Das Zellnetz ist recht konstant. Grosse, durchsichtige rundlichpolygonale Zellen mit stark ausgeprägten Eckverdickungen sind charakteristisch. Die Verdickungen der Apikalzellen, die über 30 μ messen, sind noch deutlich dreieckig, um nach der Basis zu in stark knotige oder balkige überzugehen, ein wichtiges Merkmal, das die *Hylaecoetes* gegenüber anderen grosszelligen Verwandtschaftskreisen — mit den *Macrotrichae* haben sie ausserdem die endständigen Androeceen gemeinsam — gut abgegrenzt. Die Perianthien, denen eine mit steif abstehenden Borsten besetzte Mündung eignet, können schmale Dorsalkiele besitzen.

Die *Hylaecoetes* sind aus dem Grunde interessant, weil mit der starken Entwicklung des Ventralrandes gleichzeitig auch der Beginn einer Cucullenbildung sich soeben bemerkbar macht. Diese Tatsache könnte als ein Argument für eine Herkunft von gemeinsamen Stammeltern angesehen werden, aus denen sich die *Cucullatae* und *Hylaecoetes* divergierend entwickelt haben. Schon bei *P. hylaecoetis* und *vincentina* können wir oft das ventrale Blattanhängsel umgeschlagen antreffen, bei *P. Breuteliana* finden wir sogar regelmässig den basalen Hinterrand rinnig umgelegt (übrigens auch bei den Involukralblättern von *P. hylaecoetis*). Der phylogenetische Zusammenhang der beiden Sektionen wird durch das gemeinsame Vorkommen endständiger Antheridiensprosse noch wahrscheinlicher.

STEPHANI hat in seinen Icones eine Pflanze, *P. variifolia* aus Guadeloupe, abgebildet, aber nicht beschrieben; sie dürfte ebenfalls zu den *Hylaecoetes* gehören. Dagegen ist *P. multidentata*, die auch nicht beschrieben ist, s i ch e r hierher zu nehmen. Sie hat übrigens mit der aus Neuseeland unter demselben Namen bekannten Pflanze nichts zu tun und müsste umbenannt werden. (Abb. 3*c*; — 7*c* und *d*).

1. **P. hylaecoetis** Spruce, Edinb. Bot. Soc. 1885, p. 496.

Untersucht: Hep. Spr. (Orig.); — Columbia, Woronow n. 133; — Brasilien, Lützelburg n. 22913.

Die noch unbekannten „Blüten" zeigen folgende Verhältnisse: Die Involukralblätter hüllen nicht das Perianth ein, sondern sind steil nach beiden Seiten abgekehrt. Sie haben Gestalt und Grösse der gewöhnlichen Seitenblätter, aber noch einen reicher gegliederten Blattrand. Der Dorsalrand, an dem wir keine mittlere unbewehrte Zone feststellen, ist noch stärker nach innen eingerollt. Die sonst nur wenigzelligen Zähne des herablaufenden Dorsalrandes sind beinahe zu Wimpern geworden. Das Perianth dieser Art hat keinen Flügel. Während die Wimpern des basalen Hinterrandes noch verzweigt sind, bleiben die borstenförmigen Randausgliederungen des Perianthmundes unverzweigt. Wir sehen daraus, dass mit einer besonderen, starken Differenzierung des Blattes eine solche des Perianths nicht in gleichem Masse einherzugehen braucht, während wir umgekehrt auch Typen kennen, wo das Perianth gegenüber den Seitenblättern eine erhöhte Gliederung erfahren hat.

2. **P. vincentina** Ldbg., Spec. Hep., p. 39.

Untersucht: Costarica, Standley u. Valerio n. 47187; — Costarica, Standley n. 48480 (f. n. *minor* Hzg.).

+3. **P. ruficaulis** St., Spec. Hep., Vol. VI, p. 205.

+4. **P. depressa** Spruce, Edinb. Bot. Soc., 1885, p. 496.

5. **P. Breuteliana** Ldbg., Spec. Hep., p. 150.

P. Elliottii Spruce, J. of Bot., 1895, p. 359.

Untersucht: Columbia, Killip n. 5 638a; — Columbia, Killip n. 24535 (f. n. *leptoblasta* Hzg.).

SEKTION ARRECTAE

Die neuweltlichen Arten mit nicht flach ausgebreiteten, sondern stark hohlen, einseitswendigen oder auch aufgerichteten und dem Stengel seitlich angelegten Blättern (fol. surs. rec.), die SPRUCE zu den *Heteromallae* seiner *Cauliflorae* stellt, setzen sich aus einer Anzahl verschiedener Formenkreise zusammen, deren klare Trennung SPRUCE nicht geglückt ist und auch an dieser Stelle nicht absolut scharf formuliert werden kann.

In unsere Sektion gehören Arten mit sehr dicht stehenden und auffällig stark einseitswendigen Blättern. Die Blätter stehen entweder steil aufrecht fast bis zur gegenseitigen Deckung oder aber auch in grösserem Winkel von der Achse ab. Der Blattumriss ist rundlich (nur bei einigen Arten der Subs. 1 etwas eiförmig). Die starren, oft leicht brüchigen Sprosse haben, wenn überhaupt, wenige und lange Seitenzweige. Die Pflanzen, die durch die Art der Beblätterung fast drehrund erscheinen, sind hell- oder dunkelbraun oder gar schwärzlich gefärbt. Als ein Merkmal vieler Arten, besonders bei Subs. 1, ist schliesslich anzuführen, dass die Sprossenden nach der Ventralseite eingekrümmt oder gar eingerollt sind.

Es ist auffällig, dass in Amerika Arten mit einer Beblätterungsweise wieder auftreten, wie sie in Asien durch die *Zonatae* dargestellt sind. Ein phylogenetischer Zusammenhang beider Artengruppen muss wohl angenommen werden. Wir haben in beiden Gruppen die rundliche Blattgestalt und den stark umgeschlagenen Dorsalrand; aber das viel dichtere und gleichmässig derbwandige Zellnetz der Asiaten macht die *Zonatae* trotzdem zu einer gut abgegrenzten Sektion. Bei einer gemeinsamen Darstellung beider Florengebiete könnten wohl beide Sektionen demselben Grossverband angehören. Wir kommen hier zu dem Ergebnis, dass wohl gewisse Typen in starker Annäherung in beiden Florenreichen wiederkehren, aber die Ähnlichkeit nicht so weit geht, dass Arten der Alten Welt ohne weiteres in Sektionen des tropischen Amerika untergebracht werden könnten und umgekehrt. Vielleicht gibt es jedoch Ausnahmen. — Wenn schon die umgekrümmten Sprossenden, die vielleicht mit der arrekten Blattstellung in ursächlichem Zusammenhang stehen, bei gewissen Neuseeländern mit gleicher Beblätterungsweise wiederkehren, könnten auch die sehr langen Perianthien, die für einige Arten unserer Sektion bekannt sind, an gewisse Vertreter der Austral-Antarktis anklingen. Ein Zusammenhang ist mir freilich sehr unwahrscheinlich.

Ob in diese Sektion *P. echinella* (Untersucht: Bolivia, Herzog n. 3390) gehört? Für eine *Plagiochila* zeigt sie freilich einen fremdartigen Habitus. (Abb. 2.1; — 3*a*; — 5*f*; — 7*b* und *h*).

Subsektion 1. Vielleicht ist keine Artengruppe durch ihre Blattform so gut gekennzeichnet wie diese Subsektion. Einmal sind die Blätter rund im Umriss, selten oval, und ihre Insertion ist meist kurz, vor allem aber ist die Randdifferenzierung ganz eigenartig und wird nur von den neuseeländischen *P. biserialis* nachgeahmt. Während der ausgebauchte, weit herablaufende Dorsalrand ganzrandig bleibt, trägt der Hinterrand kräftige oft abwärts geneigte Dornen, die nach der Spitze an Stärke zunehmen, um ev. das Blatt am Apikalende sogar eingeschnitten erscheinen zu lassen. Ein Extrem in der Gliederung wird bei *P. pinnatidens* erreicht, wo die zipflig verlängerten Randauswüchse sogar noch an den Rändern Zähne tragen können. — Der Dorsalrand ist stark nach aussen umgebogen, so dass das Blatt nicht flach auszubreiten ist. — Vielleicht können noch mehr Arten hier Aufnahme finden (*P. subwallisiana, Jaapii, capillicaulis* u.ä.).

1. **P. implexa** L. et G., Syn. Hep., p. 651.

Untersucht: Costarica, Standley n. 50262 und 37641; — Costarica, Stanley n. 37827 (f. n. *minor* Hzg.).

2. **P. grossitexta** St., in Herzog, Die Bryophyten ...., 1916, S. 200.

Untersucht: Bolivia, Herzog n. 2872 und 3950c (Orig.).

+3. **P. grossiseta** St., in Herzog, Die Bryophyten ...., 1916, p. 200.

4. **P. horrida** G., Ann. sc. nat., 1864, p. 116.

Untersucht: Apiahy, Brigg.(?), n. 7692.

+5. **P. centrifuga**, Tayl. in Spr., Edinb. Bot. Soc., 1885, p. 484.

+6. **P. hystrix** St., Spec. Hep., Vol. II, p. 547.

+7. **P. Hieronymi** St., in Herzog, Die Bryophyten...., 1916, p. 201.

+8. **P. Familleri** St., in Herzog, Die Bryophyten...., 1916, p. 198.

+9. **P. increscentifolia** Spr., Edinb. Bot. Soc., 1885, p. 481.

P. biserialis L. et L. var. β, Syn. Hep., p. 54.

10. **P. subrotundifolia** St., Spec. Hep., Vol. II, p. 585.

Untersucht: Bolivia, Corani, Herzog n. 3421.

11. **P. arrecta** G., Ann. sc. nat., 1864, p. 115.

Untersucht: Itatiaja, Ule n. 488.

Bei dieser Art fand ich an einem Perianth zwei schmale Kiele zugleich; ausserdem eine sehr deutlich Vitta.

+12. **P. decurvo-homomalla** St., in Herzog, Die Bryophyten, 1916, p. 195.

13. **P. fragilis** Tayl., J. of Bot., 1848, p. 198.

P. pinnata Spr., Edinb. Bot. Soc., 1885, p. 485.

Untersucht: Tunguragua, Hep. Spr.; — Columbia, Killip n. 20657; — Columbia, Killip n. 16125 (f. n. *minor* Hzg.).

Bei *P. fragilis* ist eine sehr deutlich ausgeprägte Vitta anzutreffen.

14. **P. compressula** Nees in Ldbg., Spec. Hep., p. 128.

Untersucht: And. Quit., Hep. Spr.

Bei dieser Art kommen gelegentlich sehr gross und flächig entwikkelte Amphigastrien mit schiefer Insertion vor.

15. **P. densiflora** Herzog n. sp. in herb.

Untersucht: Costarica, Standley n. 49134.

Subsektion 2. Es wäre nicht empfehlenswert, diese Gruppe als eigene Sektion abtrennen zu wollen. Denn das Merkmal der arrecten Blattstellung (fol. surs. rec.), wird von zwei Arten, *P. subviminea* und *P. revolvens* in gleicher Weise wiederholt, was auf eine nahe Verwandtschaft hinweist. Der Blattrand dieser auch rundlichen (oder rundlich-dreieckigen) Blätter ist entweder glatt oder besitzt gleichgrosse Zähne, auch am Apikalende. Der Unterschied zu gewissen Arten der *Choachinae* beruht u.a. darin, dass hier die Einseitswendigkeit der Blätter sehr stark ausgeprägt ist, da die Blätter im Extrem mit der ganzen Lamina rechtwinklig von der Sprossflanke wegstehen können.

1. **P. viminea** Spr., Torr. Bot. Cl., 1890, p. 134.

Untersucht: Bolivia, Herzog n. 4131; — Columbia, Woronow n. 90.

2. **P. brevivittata** St., in Herzog, Die Bryophyten...., 1916, p. 191.

Untersucht: Bolivia, Herzog n. 4688 (Orig.).

+3. **P. revolvens** Mitt., J. of Bot., 1851, p. 358.

4. **P. homochroma** Spruce, Edinb. Bot. Soc., 1885, p. 482.

Untersucht: Bolivia, Herzog n. 3526.

Die untersuchte Probe dieser Art gehört zweifellos in diese Gruppe. Stephani bildet aber ein viel reicher randgegliedertes Blatt ab, das beinahe an Vertreter der *Permistae* erinnert.

5. **P. subviminea** St., in Herzog, Die Bryophyten ...., 1916, p. 212.

Untersucht: Bolivia, Tablas, Herzog n. 2853a; — Costarica, Standley n. 43674, 43819 und 43943; — Costarica, Standley n. 43.862 (var. n. *paramicola* Hzg.).

Das Zellnetz dieser Art weicht durch die Kleinheit der Zellen und die nicht knotig verdickten Ecken von allen anderen Arten ab und nähert sich damit den asiatischen *Zonatae*.

SEKTION HYPNOIDES

Diese Gruppe kann man durch nichts besser beschreiben als den eigenartigen Habitus, der auf eine besondere Beblätterungsweise zurückgeht. SPRUCE hat als erster dieses auffällige Gattungselement erkannt und eine ganze Anzahl der hier angeführten Arten zu seinen „*Cristatae*" zusammengefasst. Dass durch die Einteilungen von STEPHANI und DUGAS diese natürliche und leicht kenntliche Gruppe in mehrere Teile auseinandergerissen wurde, mag ein Beweis für den künstlichen Charakter dieser Klassifikationen sein.

Die Blätter sind flach in der Sprossflankenebene ausgebreitet und stehen sehr dicht, so dass mitunter die ventrale Basalerweiterung noch das zweitfolgende Blatt etwas überdecken kann. Die Blätter sind nämlich stets ampliat und formieren sich sehr häufig zu einer Crista. Der Blattwinkel kann selbst ein rechter sein (*P. serrata*), beträgt aber oft weniger. — Durch die geschlossene Deckung und die dichten, schuppenartig folgenden, verlängert-dreieckigen Blätter kommt eine eigentümliche Tracht zustande, die manchen *Mastigobryen* entfernt ähnlich sieht. Man könnte fast über die ganze Gruppe schreiben, was SPRUCE bei *P. lamellistipula* bemerkt: „ramis pectinatim foliosis, facie externa myriapoda nonnulla simulat." Es sind gestreckte Blätter, die stets ventral bauchig, oft ohrartig (z.B. *P. florida* und *hypnoides*) erweitert sind. — Nur *P. jamaicensis* wird als unverzweigt beschrieben. Die Regel ist Verzweigung, meistens wiederholt-furcat, nur selten fiedrig. Fast allen Arten sind biegsame, schlaffe Zweige eigen. — Das Zellnetz ist überall gleichartig. Ich habe oben (S. 30) auch einen *hypnoides*-Zellnetztypus unterschieden und ausführlich besprochen. — Die ♂ Stände stehen intermediär. — Es muss erwähnt werden, dass die für unsere Gattung charakteristischen blattbürtigen Brutsprösschen bei manchen Arten unserer Sektion angetroffen werden (z.B. *P. hypnoides, plicata, Bunburyi*). Das Vorkommen dieser Brutorgane ist an den *hypnoides*-Zellentyp gebunden.

Würden nicht die Zellnetze stark differieren, könnte man an eine Verwandtschaft der *Hypnoides* mit den *Hylaecoetes* glauben, wobei *P. blepharobasis* vortrefflich verknüpfen könnte. Dagegen darf ein näherer Zusammenhang der *Crispatae* mit unserer Sektion mit grosser Wahrscheinlichkeit angenommen werden. Wenn jene auch durch den stark welligen oder eingerollten Ventralrand gut abgegrenzt sind, so haben wir doch zwei Arten bei den *Hypnoides*, *P. sinuata* und *subcristata*, bei denen der Hinterrand glatt, aber auch ganz leicht gekräuselt sein kann. Ihre Blattform, der wenig abwärtslaufende Ventralrand, der Habitus usw. bringen sie aber notwendig in unsere Sektion. Vielleicht könnten sich beide Artengruppen aus dem gleichen Ausgangsstoff entwickelt haben, da sie das gemeinsame Zellnetz verbindet. — Ob aber auch *P. cristata* mit dieser Sektion verwandt ist? Wir brauchten uns die bei den *Hypnoides* angebahnte Erweiterung des ventralen Blattohrs nur noch weiter fortgeführt denken. Es wäre etwa *P. falcato-serrata* von den *Hypnoides* eine gut vermittelnde Form die bereits die sichelförmige Blattkrümmung von *P. cristata* besitzt.

Eine natürliche Unterteilung der *Hypnoides* nach dem Blattwinkel oder dem Grad der ventralen Ausbauchung usw., ist nicht möglich, aber auch ebensowenig eine Teilung nach dem „Fehlen" oder Vorhandensein des Amphigastriums, wie sie SPRUCE durchführt. Ich unterscheide 2 Subsektionen nach der Randgliederung, wobei die Arten mit gezähnten und ganzrandigen Ventralrand getrennt werden. Wahrscheinlich werden noch mehr bekannte Arten in diese Sektion gehören. (Abb. 3*b*; — 4*d*; — 7*f*, *i* und *l*).

Subsektion 1. In diese Subsektion nehme ich die Arten mit gezähntem Ventralrand. Von *P. Bakeri* abgesehen, deren Hinterrand im unteren $2/3$ ganzrandig ist, tragen die übrigen Arten Zähne wenigstens am ventralen Ohr, meist bis in die Nähe der Insertion. Der Dorsalrand hingegen, der ab und zu ganz umgeschlagen sein kann, ist glattrandig. Es ist auffällig, dass an dem oft scharf abgesetzten Blattohr eine verstärkte Randgliederung zu bemerken ist. *P. serrata* und *Montagnei* sind hierfür gute Beispiele, bei *P. lamellistipula* sind ausser den Apikalzähnen weitere nur noch am Blattohr vorhanden. Wir treffen übrigens eine ähnliche Erscheinung bei den *Cucullatae* an, auch ohne dass beide Gruppen miteinander verwandt sind.

1. **P. plicata** L. et G., Syn. Hep., p. 644.
Untersucht: Silv. Amaz., Hep. Spr.

2. **P. hypnoides** Ldbg., Spec. Hep., p. 37.
Untersucht: Cuba, Wright; — Columbia, Killip n. 27857; — Columbia, Woronow n. 73; — Costarica, Standley n. 48685; 48707, 48729 und 48835; n. 48887 (var. *brevifolia* Hzg.); n. 25678 (f. *minor* Hzg.).

Das von STANDLEY gesammelte Material ermöglichte es, die Veränderungen der Merkmale innerhalb der Spannweite der Art gut zu studieren. Die Ausbildung des Amphigastriums kann erheblich schwanken. Vielleicht müssen noch andere Arten zu *P. hypnoides*

gestellt werden, wenn die Variationsbreite dieser offenbar vielge-
staltigen Art Berücksichtigung findet. In Ermangelung der Originale
muss lediglich dieser Hinweis genügen.

+3. **P. confertissima** St., Spec. Hep., Vol. II, p. 510.

4. **P. florida** Spruce, Edinb. Bot. Soc., 1885, p. 494.
Untersucht: Panama, Wagner.

+5. **P. Orbigniana** Mont. et Nees, Fl. Boliv., p. 81.

+6. **P. punctualis** G., Hep. Mex., 1867, p. 153.

7. **P. serrata** (Roth.), Spec. Hep. p. 31.

Jung. Roth., Cat. bot. I, p. 144; — *P. thysanotis* Spr., Edinb. Bot.
Soc. 1885, p. 491; — *P. fimbristipula* Spr., Edinb. Bot. Soc., 1885,
p. 492.

Untersucht: Columbia, Woronow n. 153 und 155; — Bolivia,
Buchtien n. 32.

8. **P. juruensis** St., Spec. Hep., Vol. VI, p. 171.

Untersucht: Brasilien, Ule n. 529 (Orig.); — Columbia, Killip n.
27857a und 29791; n. 29792 (f. *luxurians* Hzg.); — Columbia, Woronow n. 67 (f. *depauperata* Hzg.).

9. **P. Montagnei** Nees, Ann. sc. nat., 1836, p. 2.
Untersucht: Guiana gallica, A. Michel.

10. **P. falcato-serrata** Carl n. sp.
Untersucht: Columbia, Rio Oretagnaza, Woronow (n. ?).

11. **P. lamellistipula** Spr., Edinb. Bot. Soc., 1885, p. 491.
Untersucht: And. Peruv., Hep. Spr. (Orig.).

„12. **P. abrupta** L. et L., Spec. Hep., p. 106.

P. Leprieurii Mont., Ann. sc. nat., 1857, p. 177.

13. **P. sinuata** G., Hep. Mex., 1867, p. 151.
Untersucht: Costarica, Standley n. 44699.

14. **P. intermedia** L. et L., Syn. Hep., p. 629.
Untersucht: Mexiko, Liebman (Orig.).

15. **P. apicalis** G., Hep. Mex., 1867, p. 125.
Untersucht: Mexiko, Ross (1906).

Die Stellung dieser Art bei den *Hypnoides* ist nicht ganz sicher.

16. **P. subcristata** G., Hep. Mex., 1867, p. 150.
Untersucht: Mexiko, Woronow n. 25.

17. **P. Bakeri** St., in Herzog, Die Bryophyten...., 1916, p. 190.
Untersucht: Bolivia, Tablas, Herzog n. 4525.

Der Habitus dieser Pflanze ist ganz der der *Hypnoides*, aber die Blätter sind nicht ampliat.

+18. **P. deflexiramea** Tayl., J. of Bot., 1846, p. 262.

Subsektion 2. In dieser Gruppe fand ich stets winzige, flächige zerschlitzte Amphigastrien und einen dorsalen Perianthflügel vor, Merkmale, die den meisten, aber nicht allen Arten der Subsektion 1 eigen sind. — Alle hierher gehörenden Arten haben ganzrandige oder nur mit ganz wenigen Zähnen (gewöhnlich dann apikal) versehene Blätter (*P. Bunburyi*). Eine sehr interessante Pflanze ist *P. blepharobasis*, die an dem sonst fast ganzrandigen Blatt lediglich in der Nähe der ventralen Insertion eine Anzahl Wimpern bezitzt.

1. **P. Bunburyi** Tayl., J. of Bot., 1846, p. 269.

P. parvistipula Ldbg., Syn. Hep., p. 643.

Untersucht: Brasilien, Hoehne n. 49.

2. **P. acrodonta** Spr., Hep. Am. et And. exs.

Untersucht: S. Gabriel, Hep. Spruceanae.

+3. **P. jamaicensis** Ldbg. et Hampe, Linnaea, 1851, p. 302.

4. **P. Lützelburgii** St., Spec. Hep., Vol. VI, p. 180.

Untersucht: Brasilien, Hoehne n. 96.

5. **P. blepharobasis** Herzog n. sp. in herb.

Untersucht: Columbia, Killip n. 15066.

Übrigens kommen auch auf den Amphigastrien dieser Sektion, wie etwa bei der vorliegenden Art, flächenhafte Auswüchse vor, wie wir solchen auch bei den *Cucullatae* wieder begegnen.

SEKTION SUPERBAE

Unter dem Namen *Grandifoliae* fasst SPRUCE als zweite Gruppe seiner *Cauliflorae* 16 *Plagiochilen* zusammen, die zum grossen Teil in diese Sektion übernommen wurden. Die „*Grandifoliae*" sind nämlich innerhalb der amerikanischen Arten in der Tat ein natürlich abgegrenzter, auffälliger Formenkreis, dessen einzelne Vertreter meist habituell schon kenntlich sind. Hierher gehören die schönsten und stattlichsten *Plagiochilen* dieses Florenreichs. Viele Arten erreichen über 10 cm Sprosslänge, die Blätter schwanken in ihrer Grösse von 4—8 mm. Eine fiederige Verzweigung fehlt. Die Sprosse sind meist einfach oder nur recht spärlich verzweigt. Die Stellung der Blätter ist charakteristisch, die stehen imbrikat, ganz selten berühren sie sich nur. Eine ventralbasale Ausbauchung ist stets vorhanden (Unter-

schied von den *Subplanae*!), oft ist der Ventralflügel des Blattes halbherzförmig erweitert und bildet dann eine Crista oder ist auch vom
Stengel wegwärts gebogen. Die Blätter stehen mit sehr grossem,
öfters mit rechtem Winkel vom Stengel ab und formieren sich flach
in der Sprossflankenebene. Die Blattdeckung ist in der Regel geschlossen. Die gewöhnlich breiten, eiförmig-dreieckigen oder -ver-
längerten Blätter sind stets randgegliedert und mit Dornen, oft auch
mit Wimpern versehen. Flächige Amphigastrien kommen nicht vor.
Hierdurch weichen die *Superbae* von den *Cucullatae*, mit denen sie
gewisse Merkmale verknüpfen, erheblich ab. — Interessant ist, dass
wir in den *Superbae* eine standortlich bedingte Artengruppe vor uns
haben, wie SPRUCE darauf hinweist. Vielleicht besteht ein Zusammenhang zwischen dem *contingens*-Zellnetztypus und der Lebens-
weise der Pflanzen.

Die *Superbae* lassen sich leicht in zwei Formenkreise scheiden, wenn
man das Zellnetz in Betracht zieht. Wir können die *Macrotrichae* mit
über 30 μ grossen Apikalzellen von der *notidophila*-Gruppe trennen,
die kleinere Zellen, überhaupt einen anderen Zelltypus besitzt. Alle
Vertreter der Subsektion 1 haben terminale, büschelige Antheridienstände, bei der einzigen Art der Subsektion 2, von der ♂ Gametangien
bekannt sind, stehen diese intermediär am Spross. (Abb. 4*a*; — 7*e*
und *g*; — 8*d*).

Subsektion 1. *Macrotrichae.* Ein Zellnetztyp trägt den Namen
einer Art dieser Gruppe. Alle Species fügen sich ausnahmslos diesem
Schema ein (nur bei *P. subturgida* könnte man im Zweifel sein). Die
Apikalzellen überschreiten die 30 μ-Grenze. — Alle Arten besitzen
übereinstimmend terminale Antheridienähren, soweit von ihnen ♂
Pflanzen bekannt sind. Ganz wenige, nur steril bekannte Pflanzen
bringen alle anderen Merkmale eindeutig an diesen Platz. Die Antheridienähren treten manchmal nur in Einzahl, oder doppelt, meist
jedoch büschelig auf. Bei zwei *Macrotrichae*, *P. macrostachya* und
pichinchensis werden aber terminale u n d intermediäre Antheridienstände angegeben. — Bei den *Cucullatae* der Alten Welt finden
wir überwiegend ganzrandige Brakteen (und können demzufolge die
Eucucullatae klar definieren), bei den *Macrotrichae* sind ganzrandige
♂ Hochblätter nur sehr selten (z.B. *P. amoena*). Vielleicht dürfen wir
annehmen, dass aus dem gleichen Ausgangsstoff sich in Amerika die
Macrotrichae, in der Alten Welt die *Cucullatae* (vielleicht auch *Kaa-*

laasii) entwickelt haben, wobei die Brakteenentwicklung auf verschiedenen Entwicklungsstufen angelangt ist.

Eine befriedigende Aufteilung der *Macrotrichae* kann ich nicht vorschlagen. Vielleicht kann man annehmen, dass diese Arten in starker Entwicklung begriffen sind, da man die Grenzen oft nur mit Mühe fassen kann. — Es liesse sich vielleicht eine rein schematische Scheidung der Arten nach der Insertion durchführen, die aber den natürlichen Verhältnissen kaum entspricht. Man kann aber einen Formenkreis isolieren, der durch seine falcaten Blätter und den umgeschlagenen Dorsalrand sich gut abhebt.

Pars I. Diesem Teil der *Macrotrichae* möchte ich 10 Arten zuweisen, die gegenüber den gewöhnlich breiten Blättern der anderen ausgesprochen verlängerte Blätter besitzen. Dazu kommt als wesentliches Merkmal eine sichelähnliche Krümmung, die das Blatt stark asymmetrisch macht. Seine m i t t l e r e Strecke (nicht der ganze Rand) ist meist einwärts umgeschlagen.

1. **P. adiantoides** (Sw.) Dum., Rec. d'obs., p. 15.
Jung. Swartz, Prodr. Fl. Ind., p. 142.
Untersucht: Dominica(?), Elliott n. 1018.

2. **P. simacensis** Herzog, Hedwigia, Bd. LXVII, 1927, p. 261.
Untersucht: Bolivia, Buchtien n. 137 und 428 (Orig.).

3. **P. Bradeana** St., Spec. Hep., Vol. VI, p. 133.
Untersucht: Costarica, Brade (Orig.).

4. **P. superba** (Nees) Dum., Rec. d'obs., p. 15.
P. Quelchii St., Spec. Hep., Vol. II, p. 534; — *Jung.* Nees in Sieber, Pl. cr., n. 11.
Untersucht: Herb. Bras. m. 647, Ule (unter dem Namen *P. superba*); — STEPHANI bildet eine Pflanze gleichen Namens ab, ohne sie zu beschreiben.

5. **P. Husnoti** St., Spec. Hep., Vol. II, p. 506.
Untersucht: Guadeloupe, l'Herminier.

6. **P. trinitensis** St., Spec. Hep., Vol. II, p. 531.
Untersucht: Trinidad, Crüger n. 12 (Orig.).
Zeichnet sich durch etwas longitudinal stärker verdickte Zellwände aus.

7. **P. cultrifolia** Spruce, Edinb., Bot. Soc., 1885, p. 475.
Untersucht: Chimborazo, Spruce (Orig.).

8. **P. frontinensis** St., Spec. Hep., Vol. II, p. 532.

Untersucht: Nova Granada, Frontino, Wallis (Orig.).

+9. **P. amoena** St., Spec. Hep., Vol. II, p. 505.

P. Breuteliana var. *guadalupensis* G. in Husnot, Hep. exs. Ind. occ.

10. **P. exalata** Herzog n. sp. in herb.

Untersucht: Costarica, Standley n. 49877, 49826 und 52.164.

Pars II. Es dürften noch mehr Arten als die hier angeführten zu den *Macrotrichae* gehören. *P. Keckiana, Trabutii, gavana* u.a. müssten überprüft werden. Manche Art wird wohl noch eingezogen werden müssen.

1. **P. macrotricha** Spruce, Edinb. Bot. Soc., 1885, p. 476.

Untersucht: And. peruv., Spruce (Orig.); — Columbia, Killip n. 11285.

2. **P. submacrotricha** St., in Herzog, Die Bryophyten...., 1916 p. 212.

Untersucht: Bolivia, Buchtien n. 147 (Orig.).

3. **P. contingens** G., Ann. sc. nat., 1864, p. 111.

Untersucht: N.-Granada, Herb. Lindig; — Costarica, Tonduz; — Costarica, Standley n. 37 802, 46 871, 46 905, 48 088, 49 780, 49 849, 50 424.

+3. **P. Ambronnii** St., in Herzog, Die Bryophyten...., 1916, p. 188.

Vielleicht ist diese Pflanze mit *P. macrotricha* identisch.

+5. **P. Puiggarii** St., Spec. Hep., Vol. II, p. 504.

+6. **P. Urbani** St., Spec. Hep., Vol. II, p. 530.

7. **P. pichinchensis** Tayl., J. of Bot., 1846, p. 259.

Untersucht: And. Quit., Spruce; — Bolivia, Herzog.

STEPHANI gibt bei dieser Art zwar nur „androecia mediana" an, aber nach der Angabe von SPRUCE stehen die Antheridienähren intermediär und terminal. Diese Art kann mithin als Übergangsform beider Bautypen aufgefasst werden.

8. **P. leptophylla** Spruce, Edinb. Bot. Soc., 1885, p. 475.

Untersucht: Andes quitenses, Spruce (Orig.).

9. **P. axillaris** Jack et Steph., Hedwigia 1892, p. 24.

P. Notarisii Mitt., in Spr., Hep. Amaz. et And. 1885, p. 477.

Untersucht: Columbia, Wallis.

10. **P. trichostoma** G., Ann. sc. nat., 1864, p. 113.

Untersucht: Costarica, Tonduz (Bryoth. E. Lev.).

+11. **P. dominicensis** Tayl., J. of Bot., 1846, p. 270.

+12. **P. pacimonensis** Spruce, Edinb. Bot. Soc., 1885, p. 475.

13. **P. gamma** St., in Herzog, Die Bryophyten. . . . , 1916, p. 199.

Untersucht: Bolivia, Tablas, Herzog n. 4 624 (Orig.).

STEPHANI hat in seinen Icones eine *P. gamma* vom Roraima (Ule) abgebildet, die mit der vorliegenden Pflanze wohl nichts zu tun hat.

14. **P. subbiloba** Herzog, Fedde Repert., XXI, (1925), p. 25.

Untersucht: Brasilien, Lützelburg n. 6 804 und 7 027; n. 7 237 (f. *incrassata* Hzg.); n. 7 128 (f. *intermedia* Hzg.) (Orig.).

Die zweilappigen Blattapikalenden, von denen die Art ihren Namen hat, treten nur gelegentlich auf.

+15. **P. macrostachya** (Sw.) Ldbg., Spec. Hep., p. 75.

Jung. Swartz, Prodr. Fl. ind., p. 142.

16. **P. subaequalis** St., Spec. Hep., Vol. VI, p. 219.

Untersucht: Bolivia, Herzog (1911), (Orig.).

17. **P. guttulata** Herzog, Fedde Rep., XXI, (1925), p. 25.

Untersucht: Brasilien, Lützelburg n. 7190 (Orig.).

18. **P. turgida** Herzog n. sp. in herb.

Untersucht: Costarica, Standley n. 33 935 (Orig.).

Als morphologische Besonderheit sind hier accessorische Perianthflügel zu erwähnen, die jedoch nicht immer angetroffen werden.

19. **P. Azuayensis** Spruce, Hep. Am. et And. exs.

Untersucht: Hep. Spruceanae (Orig.).

20. **P. Jamesonii** Tayl., J. of Bot., 1847, p. 340.

Untersucht: Columbia, Killip n. 19 075.

21. **P. Douini** St., in Herzog, Die Bryophyten. . . . , 1916, p. 196.

Untersucht: Bolivia, Herzog n. 4 221.

22. **P. longaeva** Herzog n. sp. in herb.

Untersucht: Costarica, Standley n. 52 297.

23. **P. subturgida** Herzog n. sp. in herb

Untersucht: Costarica, Standley n. 47 126.

Subsektion 2. *Notidophilae.* Nach der Blattform ist diese Subsektion von der vorigen nicht zu unterscheiden. Wir haben verlängertdreieckige, sehr stark ampliate Blätter, die ringsum dicht mit spitzen kleinen, fast bis an die Insertion beider Ränder reichenden Dornen versehen sind. Nur bei *P. paucispinula* ist die Randgliederung wesentlich verarmt, und die Dornen stehen entfernt. — Was die *Notidophilae* von der *macrotricha*-Gruppe trennt, ist das Zellnetz. Es weicht von dem als *contingens*-Typus bekannten ab dadurch, dass der koa-

gulierte Zellinhalt der u n t e r 30 μ bleibenden Zellen nicht an den
Wänden als eine dünner, zusammenhängender Belag erscheint, sondern über die Zelle verteilt ist, ohne dass die mittlere Lumenpartie
scharf abgesetzt ist. Wir haben stets sehr starke Eckverdickungen,
meistens knotig, aber basal auch balkig. — Als Besonderheit ist weiter
anzuführen, dass bei *P. procera* — der einzigen Art, wo ♂ Gametangien bekannt sind — die Antheridienähren i n t e r m e d i ä r am
Spross stehen. Wenn sich dieses Merkmal als übereinstimmend auch
für die anderen Arten herausstellte, hätten wir zu dem Zellnetzmerkmal noch ein gutes Kriterium und vielleicht einen Anlass zur Trennung beider Subsektionen. — Manche Arten haben einen dorsalen
Perianthflügel, andere nicht.

1. **P. procera** Ldbg., Spec. Hep., p. 40.

Untersucht: Bolivia, Buchtien, n. 126 und 156; — Costarica, Killip, n. 18 363; — Costarica, Werckle (unter dem Namen *P. pichinchensis*, St. n. 6 266).

2. **P. gibbosa** L. et L., Syn. Hep., p. 640.

P. eximia Mitt., in Spr., Edinb. Bot. Soc., 1885, p. 472; — *P. esmeraldana* St., Spec. Hep., Vol. VI, p. 152.

Untersucht: Costarica, Standley n. 41 682, 47 820, 42 204 und
47 809; n. 39 052 (f. *cellulis magis incrass.* Hzg.); — Costarica, Valerio n. 3; — Costarica, Bielly (Orig.), als *P. esmeraldana*; — eine
Pflanze ohne Fundortsangabe als *P. eximia*.

Diese Art ist mit der nächsten nahe verwandt.

3. **P. notidophila** Spr., Edinb. Bot. Soc., 1885, p. 473.

Untersucht: And. per., Spruce (Orig.).

4. **P. glomerulifera** Herzog n. sp. in herb.

Untersucht: Bolivia, Buchtien n. 103.

Diese Art ist durch eigentümliche Amphigastrien ausgezeichnet,
die halbkugelig gestaltet sind und sich aus einer Unzahl von **basal**
zusammenhängenden Schleimhaaren zusammensetzen.

+5. **P. densispina** St., Spec. Hep., Vol. VI, p. 146.

6. **P. paucispinula** Herzog n. sp. in herb.

Untersucht: Columbia, Killip n. 19941.

SEKTION BURSATAE

Die Plagiochilen mit linealischen, mitunter auch seitlich ausgebauchten schmalen Blättern, die auch durch ihre Anheftung nach dem *Patulae*-Typus charakterisiert sind, gehören recht verschiedenen Verwandtschaftskreisen an, die herauszulösen keine leichte Aufgabe

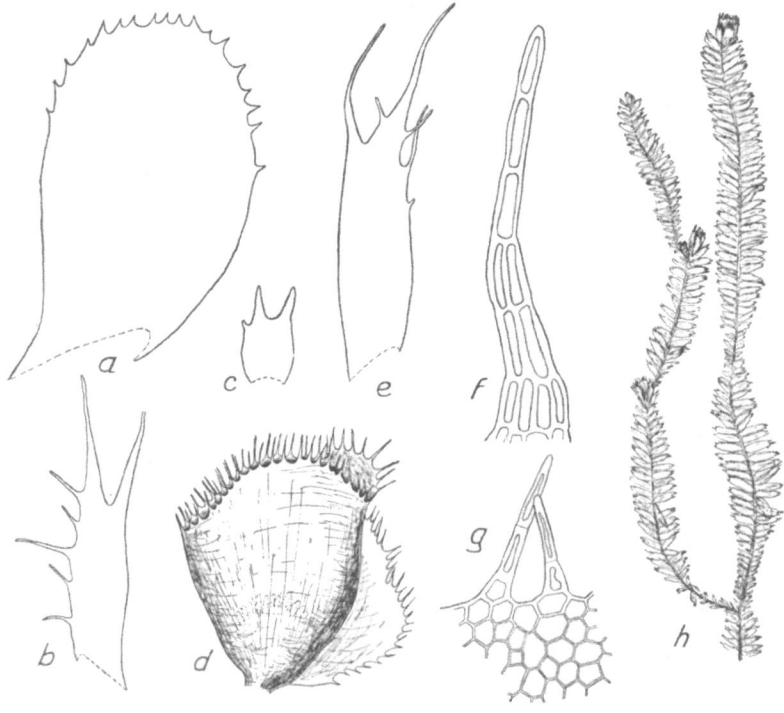

ABB. 8. *a P. columbica* (Standl.) 18 × ; — *b P. Arnelliana* (Val. 36) 18 × ; — *c P. trilobata* (Hzg.) Amphig., 30 × ; — *d P. turgida* (Standl.) 8 × ; — *e P. bursata* (Standl.) 18 × ; — *f P. pachyloma*, Borste des Perianthmundes, 100 × ; — *g P. calomelanos*, Randzellen, 100 × ; — *h P. bursata*, nat. Gr.

darstellt. Die in ihren Blattformen stark konvergierenden Artengruppen lassen sich nur mit Hilfe des Zellnetzes und der Verzweigung isolieren. Unter diesem Gesichtspunkt zerfällt die Menge der Arten in einige, wie es scheint, recht natürliche und gut begrenzte Artentypen. Auch HERZOG (44) hat darauf hingewiesen, dass die Abteilung der *Patulae* bei STEPHANI „eine grössere Zahl natürlicher Verwandtschaftskreise" enthält; deren beste Artengruppe stellt vielleicht unsere Sektion *Bursatae* dar.

Drei Merkmale vor allem zeichnen diesen Formenkreis aus, das Zellnetz, die Blattgliederung, die Verzweigung. — Das Zellnetz habe ich schon als besonderen Typ besprochen (S. 28). Wir werden Verwandtschaftsgruppen mit ähnlichen Blattformen, aber mit n i c h t auffällig gestreckten und deutlich eckverdickten Zellen zu unterscheiden haben. Dieser *bursata*-Zellnetztyp, den schon SPRUCE bei der Beschreibung von *P. bursata* als „cellulis foliorum elongatis quasi Hypnoideis" angibt, erreicht erst bei *P. tabinensis* seine ausgeprägteste Form. Die Art stellt mit ihren tief, beinahe riemig bis auf das untere Blattdrittel zerschlitzten Blättern und Zellen, von denen STEPHANI's Diagnose: „17 × 70 μ parietibus longioribus maxime trabeculatim incrassatis" angibt, das Extrem unseres Typus dar, zu dem *P. Arnelliana* vielleicht hinüberführen könnte. — Es ist nämlich weiterhin für die *Bursatae* als Charakteristikum der zerschlitzte Blattapikalteil anzuführen, wobei oft 2 Lacinien besonders deutlich hervortreten; der dorsale Blattrand ist stets glattrandig, der ventrale ist höchstens bis zur Hälfte, nur bei *P. Arnelliana* noch tiefer randgegliedert. Die Aufteilung des Apikalendes in wenige grössere spitz auslaufende Zipfel ist stets vorhanden. Hierin haben wir ein gutes Unterscheidungsmerkmal zu anderen Gruppen, bei denen ein ähnliches Zellnetz, aber nie diese auffällige Blattzerschlitzung vorkommt und bei denen wir höchstens Blattzähne antreffen. Während bei *P. trilobata, quitensis* und *demissa* wenige, 2 oder 3, Apikallacinien vorhanden sind, besitzen andere Arten wie *P. bursata, pungens, aërea* usw. mehr und längere, fein ausgezogene, oft leicht gekrümmte Randausgliederungen. — Die mit weitem Winkel abstehenden Blätter sind gewöhnlich frei, nur bei *P. pungens* und *demissa* berühren sich ihre Ränder. Bei *P. bursata* fand ich beide Typen realisiert. Imbrikate Blattstellung kommt nie vor. — Wichtig ist schliesslich, dass sich die *Bursatae* n i e fiederig verzweigen; gewöhnlich sind die Sprossachsen überhaupt nicht oder nur sehr spärlich verzweigt.

Für die Perianthmündung ist zu vermerken, dass gewöhnlich grössere Borsten neben kleineren vorhanden sind. Die ♂ Gametangien stehen intermediär am Spross. — Unverkennbar ist die Tendenz zum Flächigwerden des ventralen Segments. *P. bursata* zeigt sogar verschiedene Formen des Amphigastriums.

Diese Sektion wird noch erweiterungsfähig sein. Wenn man vor allem auf das Zellnetzmerkmal Gewicht legt, könnten vielleicht *P.*

tovarina, Wrightii, lutescens, vielleicht auch *P. Grateloupii* und *Zacua-pana* hier Anschluss finden. Ich glaube aber nicht, dass *P. confundens* hierher zu nehmen ist, wie HERZOG (44) andeutet; dagegen spricht vor allem die fiederige Verzweigung. — Vielleicht ist übrigens in dieser Sektion noch eine Einengung der Artenzahl möglich. (Abb. 4*b*; — 5*d*; — 8*b, c, e* und *h*).

1. **P. bursata** (Desv.), Ldbg., Spec. Hep., p. 88.

Jung. Desv., Journ. de Bot., IV, 1824, p. 59.

Untersucht: Costarica, Barba, Valerio n. 22; — Costa-Rica, Standley n. 38 448, 38 616, 34 436, 36 480, 51 814; n. 51 864 und 52 150 (var. *fissistipula* Hzg.); n. 36 300, 37 811, 52 161 (var. *pilistipula* Hzg.); n. 51 505, 50 709, 502 99 (var. *minor* f. *depauperata* Hzg.).

STEPHANI erwähnt nichts von den Amphigastrien dieser Art, obwohl SPRUCE schon darauf hinweist. — Über diese polymorphe Art wäre ein Anschluss an die *Caversii*-Gruppe möglich. — Im trockenen Zustand verleihen die steif und unter grossem Winkel abstehenden, in der Längsachse zusammengerollten Blätter der Pflanze ein charakteristisches Aussehen, das auch bei anderen *Bursatae* wiederkehrt.

2. **P. aërea** Tayl., J. of Bot., 1846, p. 263.

Untersucht: Hep. Spr.; — Costarica, Standley n. 50 376; 50 445, 50 519, 50 777.

3. **P. pungens** St., Spec. Hep., Vol. VI, p. 200.

Untersucht: Ecuador, Allioni (Orig.).

4. **P. Arnelliana** St., Spec. Hep., Vol. II, p. 230.

Untersucht: Costarica, La Palma, Valerio, n. 36.

Vielleicht lässt sich diese Pflanze als stärker gegliederte Form von *P. aërea* auffassen.

5. **P. Macvicarii** St., Spec. Hep., Vol. II, p. 229.

Untersucht: Bolivia, Buchtien n. 182; — Columbia, Killip n. 11 329.

6. **P. Beauverdii** St., in Herzog, Die Bryophyten...., 1916, p. 191.

Untersucht: Bolivia, Herzog n. 3 961 (Orig.); — Costarica, Standley n. 35 209.

Die Pflanze hat eine auffallende habituelle Ähnlichkeit mit *P. sparsifolia.*

+7. **P. tabinensis** St., Spec. Hep., Vol. II, p. 231.

Diese Art stellt einen der merkwürdigsten Typen unserer Gattung dar. *P. loriloba,* die ein ähnlich aufgeteiltes Blatt besitzt, gehört nach dem gänzlich abweichenden Zellnetz einem ganz anderen Formenkreis an.

8. **P. quitensis** St., Spec. Hep., Vol. II, p. 228.

P. rutilans var. *aequator.* Spr., Edinb. Bot. Soc., 1885, p. 465.

Untersucht: Bolivia, Herzog n. 3 962.

9. **P. trilobata** St., in Herzog, Die Bryophyten . . . ., 1916, p. 214.

Untersucht: Bolivia, Herzog n. 3 940b.

10. **P. alpina** G., Ann. sc. nat., 1846, p. 7.

Untersucht: N.-Granada, Lindig; — Bolivia, Herzog n. 3 849.

Die reiche Brutblattbildung erinnert an *P. choachina.* Ich fand mitunter nur die Apikalzellen nach unserem Bauschema geartet.

11. **P. demissa** St., Spec. Hep., Vol. II, p. 203.

Untersucht: Costarica, Werckle.

12. **P. aequatorialis** G., Ann. sc. nat., 1857, p. 334.

Untersucht: Tunguragua, Hep. Spruceanae.

SEKTION CAVERSII

Diese Gruppe steht in engerem Zusammenhang mit den *Bursatae*, man könnte beide Sektionen unter dem Namen „*Trabeculatae*" zusammenfassen, Das *bursata*-Zellnetz kehrt nämlich hier wieder und ist am basalen Blatteil typisch ausgebildet. Eine Trennung von den *Bursatae* muss aber wegen der abweichenden Blattgestalt und Beblätterungsweise erfolgen. Während wir bei den *Bursatae* linealische oder eiförmig-gestreckte Blätter haben, sind unsere Arten ventral asymmetrisch ausgebaucht und gehören z.T. zu den *Ampliatae* STEPHANI's. Durch seine Einteilung werden diese z.T. recht nahe verwandten Arten unnatürlich auseinandergerissen. Die Blattgrösse beträgt 3 mm und darüber, die Blattform ist oblongo-ovata. Während der stets glattrandige Vorderrand gerade oder nur schwach konkav und an der Insertion etwas vorgezogen ist, beschreibt der g e s a m t e Ventralrand von der Blattspitze an einen einzigen langgestreckten Bogen, nur bei *P. Funckiana* und Verwandten eine stärkere basale Ausbauchung. In der Randgliederung, die gewöhnlich nur die Spitze, höchstens jedoch noch den halben Hinterrand einnimmt, erinnert nur noch *P. trilaciniata* an die *Bursatae*, alle anderen Arten haben keine dünn ausgezogenen Lacinien, sondern nur einzelne kräftige, aber kurze Zähne. Manche Typen, *P. Funckiana, Caversii* und *Herminieri* beschränken sich lediglich auf 1 oder 2 stumpfe Apikal-

zähne. Nach dem Vorhandensein oder Fehlen flächiger Amphigastrien und eines Dorsalflügels am Perianth können wir zwei Subsektionen unterscheiden. (Abb. 2. 4).

Subsektion 1. Hier werden nur rudimentäre Amphigastrien und
kiellose Perianthien angetroffen. Ein Hauptmerkmal dieser einfachen
oder nur wenig verzweigten Arten ist der Habitus. Mit Ausnahme der
jüngeren Sprossteile von *P. sparsifolia* berühren oder decken sich die
Blätter gegenseitig, sie sind schwach konkav und stehen unter grossem Winkel gewöhnlich schwachsichelig herabgekrümmt von der
Achse ab. — Möglicherweise wird man die 4 letzten Arten zu einer
engeren Gruppe zusammenfassen. Charakteristisch für sie ist das
stark verjüngte Apikalende, das nur einen oder ganz wenige Randzähne trägt. Auch gehören schwächere Pflanzen hierher. Während
die ersten Arten 10 cm überschreiten, weisen die letzten nur halb so
lange oder noch kürzere Sprosse auf. Ein weiterer Unterschied besteht schliesslich darin, dass die Ventralbasen bei letzteren eine
Crista bilden können, was bei den anderen nicht so ausgeprägt der
Fall ist. — Vielleicht gehört in diese Subsektion auch eine als *P. squa-
lida* Spruce (Tunguragua) bezeichnete Pflanze des Münchener Herbars.

1. **P. Tunguraguensis** Spruce, Edinb. Bot. Soc., 1885, p. 464.
Untersucht: Tunguragua, Hep. Spr. (Orig.); — Herb. Bras. 649,
Ule (als *P. beta* St. Diese Art hat STEPHANI zwar abgebildet, aber
nicht beschrieben).

2. **P. Caversii** St., in Herzog, Die Bryophyten...., 1916, p. 194.
Untersucht: Bolivia, Herzog, n. 4 467 (Orig.).

3. **P. Jensenii** St., in Herzog, Die Bryophyten...., 1916, p. 201.
Untersucht: Bolivia, Herzog n. 5 059 (Orig.).
Eine der schönsten und stattlichsten Arten der Gattung!

Es beruht auf einem Irrtum, wenn STEPHANI angibt: „folia caulina
opposita". Die Blätter stehen einwandfrei alternierend. — Zur Er-
gänzung der Diagnose ist zu erwähnen, dass diese Art auf der Dorsalseite Paraphyllien in Gestalt von glattrandigen Blattläppchen besitzt,
die neben der Insertion des herablaufenden Dorsalrandes entspringen.

4. **P. chimborazensis** Spruce, Edinb. Bot. Soc., 1885, p. 469.
Untersucht: Chimborazo. Spruce (Orig.).

5. **P. Moritziana** L. et G., Syn. Hep., p. 634.
Untersucht: Tovar, Moritz (Orig.).

6. **P. crassiretis** Herzog n. sp. in herb.

Untersucht: Costarica, Standley n. 39 060.

7. **P. sparsifolia** St.. in Herzog, Die Bryophyten...., 1916 p. 211.

Untersucht: Bolivia, Comarapa, Herzog n. 3 940a (Orig.).

+8. **P. subbidentata** Tayl., Ed. Bot. Soc., 1850, p. 33.

9. **P. trilaciniata** Herzog n. sp. in herb.

Untersucht: Costarica, Standley n. 38 470.

10. **P. Funckiana** St., Spec. Hep., Vol. II, p. 522.

P. Irmscheri St., Spec. Hep., Vol. VI, p. 171.

Untersucht: N.-Granada, Apollinaire; — Costarica, Standley n. 50 514 und 50 664; — Columbia, leg.? unter dem Namen *P. Irmscheri* (Orig.).

+11. **P. Herminieri** St., Spec. Hep., Vol. II, p. 547.

Subsektion 2. Diese Subsektion zeichnet sich durch flächige, zerschlitzte Amphigastrien aus. Ausserdem ist das Perianth im Besitz eines breiten Dorsalflügels. Die Blätter stehen im spitzen Winkel zur Sprossachse und sind nicht sichelig gekrümmt.

P. aurea St., Spec. Hep., Vol. II, p. 253.

P. magnistipula Herzog, Fedde Rep., XXI, p. 24.

Untersucht: Brasilia, Ule n. 50; — Brasilien, Lützelburg n. 6 735 und 6 383c u. Brasilia, Gehrt n. 298a (unter dem Namen *P. magnistipula*). Vielleicht sind auch diese Pflanzen als Varietät vom Typus abzutrennen.

SEKTION GLAUCESCENTES

Einen eigenen Typus stellt diese Gruppe von 8 Arten dar, die durch dreierlei gekennzeichnet ist: den Bau der Gesamtpflanze, die Blattform und -insertion, das Zellnetz. Der schlaffen, biegsamen Sprossachse entsprechen recht zarte Blätter, die sich z.B. bei *P. argentina* im Präparat selten in einer Ebene ausbreiten und knitterig und gefaltet sind. Dazu kommt die Blattgestalt als wesentliches Merkmal. Auffällig ist die ausserordentlich langgestreckte Insertion, wobei der breite dorsale Blattflügel weit den Stengel abwärts läuft. Wir haben breit verlängert-eiförmige, oder auch trapezähnliche, bis 5 mm lange Blätter mit ± abgestutzten Spitzen, die, den Dorsalflügel ausgenommen, fast symmetrisch sind, nach der Basis zu nur wenig sich verschmälern und etwas entfernt stehen oder sich berühren, jedenfalls

n i c h t imbrikat decken. Die Randgliederung ist nicht sehr reichlich. Ein Gruppenmerkmal ist die ± regelmässig fiederige Verzweigungsweise, der schliesslich als letztes das übereinstimmende Zellnetz
anzufügen ist. Es besteht aus vollständig unverdickten (nur *P. Friesei* hat kleine Eckknoten), ziemlich weitlumigen, polygonalen Zellen,
meist recht arm an Inhalt, und demgemäss nach *contingens*-Art stark
diaphan. Die Zellgrössen sind überall genau die gleichen, Apikalzellen
27 × 30—36 µ, Basalzellen 27—30 × 45—55 µ. — Viele Pflanzen
sind gelb- oder bleichgrün gefärbt, so dass sich die dunklen, braun-
schwarzen Stengel gut abheben (so etwa bei *P. Slateri* und *glaucescens*). — Ob auch *P. Goebeliana* (Unters.: Mexiko, Münch) hierher
gehört? Die breite Insertion und das Zellnetz sprechen dafür, aber
die Pflanzen sind nicht ausgesprochen flaccid.

Die Blattform steht unter den amerikanischen Arten isoliert da.
Verwandte der asiatischen *P. acanthophylla* könnten aber im Blattzuschnitt recht nahe an unsere Sektion herankommen. Aber dort ist
die Apikalgliederung ausgeprägter. Vielleicht besteht eine phyleti-
sche Verknüpfung, zumal da das Zellnetz (auch in der Grösse) beider
Gruppen fast identisch ist. Einen wesentlichen Unterschied bildet
hingegen die Verzweigungsart. — Eine Beziehung zu den *Macrotrichae* ist möglich, aber nicht unbedingt nötig. (Abb. 2. 10).

1. **P. argentina** St., Spec. Hep., Vol. II, p. 255.
Untersucht: Bolivia, Herzog n. 5 025.
2. **P. Slateri** St., in Herzog, Die Bryophyten...., 1916, p. 211.
Untersucht: Bolivia, Herzog n. 5 026.
Diese Pflanze ist der vorhergehenden recht ähnlich, vielleicht sind
beide zu einer Art zusammenzufassen.
3. **P. glaucescens** St., Spec. Hep., Vol. II, p. 254.
P. diversifolia G., Ann. sc. bot., 1864, p. 109.
Untersucht: Nova Granada, Lindig; — Hep. Spruceanae.
+4. **P. praetermissa** St., Spec. Hep., Vol. II, p. 220.
+5. **P. nigricaulis** St., in Herzog, Die Bryophyten...., 1916,
p. 205.
Selbst wenn diese Pflanze ein doppel-geflügeltes Perianth besitzt,
wie es STEPHANI abbildet, aber nicht beschreibt, muss sie hier stehen.
6. **P. repetito-furcata** St., in Herzog, Die Bryophyten...., 1916,
p. 208.
Untersucht: Bolivia, Herzog n. 4 734 (Orig.).

7. **P. Friesei** St., in Herzog, Die Bryophyten...., 1916, p. 199.
Untersucht: Bolivia, Herzog n. 5 058 (Orig.).
8. **P. subglaucescens** Herzog n. sp. in herb.
Untersucht: Costarica, Standley n. 43 236.
Vielleicht muss diese Pflanze an anderer Stelle stehen.

SEKTION MINUTIDENTES

Als eine der am leichtesten zu erkennenden Gruppen hebt sich
diese Sektion heraus, die keine Übergänge zu anderen Formenkreisen aufweist. Hierher gehören neben mittleren Pflanzen solche von
sehr stattlicher Grösse. *P. cordilliera* mit ihren 20 cm langen Sprossen
steht manchen neuseeländischen *Plagiochilen* nicht nach. *P. rosariensis* besitzt mit 8 mm Blattlänge vielleicht die grössten Blätter der
Gattung. — Charakteristisch für die nur wenig, selten bündelartig
verzweigten Pflanzen ist der rundliche Blattzuschnitt, die ringsum
laufende Randgliederung, die die Blattgestalt in keiner Weise beein-
flusst, das weite Zellnetz und die kleine Insertion, die nicht die Hälfte
der Blattbreite ausmacht. — Fast alle Arten zeichnen sich durch eine
sehr auffällige, rost- oder dunkelbraune Färbung aus, die besonders
der trockenen Pflanze ein bemerkenswertes Kolorit verleiht („*P. calomelanos*"). Die ventralen Blattflügel der stark ampliaten Blätter
können sich cristaähnlich zusammenlegen oder auch nach dem Blatt
zu umgeschlagen sein. Es ist halboffene Blattdeckung vorhanden und
bei *P. ovata* und *minutidens* kommt herabgekrümmt-einseitswendige
Beblätterung zustande. — Das Hauptmerkmal der Sektion bleibt die
Gliederung des Blattrandes, der sich durch Farbe und Wandverdik-
kung von den Laminazellen abheben kann. Das runde Blatt ist ringsum mit sehr dicht stehenden, spitzen Zähnen besetzt, die gewöhnlich
1- bis 2-zellig sind; bei *P. calomelanos* sind es borstenartige Dornen.
— Das weitlumige Zellnetz setzt sich aus Apikalzellen von etwa 30 μ
und gestreckten bis 90 μ langen basalen Zellen zusammen. Die Zellecken sind bei allen Arten, 2 ausgenommen, ein wenig verdickt, bei
P. soratensis sollen sie nach STEPHANI's Angaben sogar z.T. knotig
sein. — Nur von *P. ovata* sind die ♀ Infloreszenzen bekannt. *P. Hookeriana*, mit der SPRUCE und GOTTSCHE (9) Arten unserer Gruppe
vergleichen, scheint wegen ihrer abweichenden Blattform nicht un-
mittelbar hierher zu gehören. — Vielleicht kann die Artenzahl dieser
Sektion eingeengt werden. (Abb. 2. 9; — 3*f* und *h*; — 8*g*).

1. **P. ovata** L. et G., Hep. Mex., p. 165.

Untersucht: Costarica, Standley n. 43 585; — Columbia, Killip n. 15 908.

Von dem charakteristischen Blattsaum dieser Art, auf den GOTT-SCHE (9) ganz richtig hinweist, erwähnt STEPHANI kein Wort.

2. **P. minutidens** St., in Herzog, Die Bryophyten . . . ., 1916, p. 205.

Untersucht: Bolivia, Herzog n. 3 850; — Bolivia, Herzog n. 2 816 (unter dem Namen *P. maxima*. Wahrscheinlich liegt hier eine Nummernverwechslung vor).

+3. **P. rosariensis** St., Spec. Hep., Vol. VI, p. 203.

+4. **P. cordilliera** St., Spec. Hep., Vol. VI, p. 142.

+5. **P. multispina** St., in Herzog, Die Bryophyten. . . ., 1916, p. 206.

+6. **P. soratensis** St., Spec. Hep., Vol. II, p. 587.

+7. **P. validissima** St., in Herzog, Die Bryophyten. . . ., 1916, p. 214.

8. **P. calomelanos** Spruce, Edinb. Bot. Soc., 1885, p. 482.

Untersucht: Tunguragua, Hep. Spr.

Die äusserste Randzellage des Blattes, vor allem jedoch die spitzen, borstenartigen Zähne, sind bedeutend stärker verdickt als die anderen Blattzellen. — Das Zellnetz ist ohne jede Eckverdickung.

SEKTION PERMISTAE

Recht stattliche Pflanzen mit etwa 10 cm Spross- und 3 mm Blattlänge und darüber gehören in diesen Formenkreis, der durch Blattform und -stellung seiner Vertreter gekennzeichnet ist. Mit den *Superbae* hat diese Sektion schon deshalb nichts zu tun, weil wir — abgesehen von der braunen Farbe der Pflanzen — deutlich einseitswendig beblätterte Sprosse antreffen. Die Einseitswendigkeit von *P. viminea* u.ä. der *arrecta*-Gruppe kann erreicht werden, aber nicht finden wir „folia sursum recurva". Von den *Arrectae* ist unsere Sektion schon deshalb gut zu unterscheiden, weil die Blätter nicht runden, sondern etwa eiförmigen oder breit-dreickigen Umriss haben. Auch lässt der Dorsalrand des abgelösten, natürlich auch etwas hohlen Blattes dieser Sektion sich fast immer glatt ausbreiten. Als Randgliederung der Blätter sind dicht stehende, die Zahl 15 überschreitende, mitunter nur den halben basalen Dorsalrand freilassende mittelgrosse spitze Zähne anzugeben, nur bei *P. pachyloma* sind fast borstenähnliche Blattdornen anzutreffen. Bei *P. viminea* und Verwandten sind die Randzähne in geringerer Zahl vorhanden. — Noch eine ganze Anzahl von Arten gehört wohl in diese Sektion, z.B. wären *P. paludosa, subconvoluta* und ähnliche Typen daraufhin zu prüfen. (Abb. 8*d* und *f*).

1. **P. permista** Spruce, Edinb. Bot. Soc., 1885, p. 481.

P. acanthostoma Spruce, Hep. exs.

Untersucht: Costarica, Standley n. 43 687 und 43 812.

2. **P. oresitropha** Spruce, Edinb. Bot. Soc., 1885, p. 467.

Untersucht: And. peruv., Spruce (Orig.); — Columbia, Killip n. 12 096; — Costarica, Standley n. 41 860b, 42 794, 46 969; n. 41 629a und 43 428 (f. *minor* Hzg.).

3. **P. pachyloma** Tayl., J. of Bot., 1846, p. 267.

Untersucht: And. quit., Spruce; — Columbia, Killip n. 17 799.

Bei dieser an ihrer Blattrandgliederung leicht kenntlichen Art sind die Randborsten sehr stark verdickt und erinnern an die Dornen der Perianthmündung von *P. oresitropha*. Auf die deutliche Kutikularstruktur dieser Pflanze macht STEPHANI nicht aufmerksam.

4. **P. densa** Herzog n. sp. in herb.

Untersucht: Columbia, Killip n. 24 681.

Es ist von Interesse, dass hier noch eine deutliche Crista zur Ausbildung kommt, doch steht eine Verwandtschaft z.B. zu *P. oresitropha* wohl ausser Frage. Ausserdem zeigen die leuchtend braune Farbe und die leicht einseitswendige Beblätterung, dass diese Art nichts mit den *Hypnoides* zu tun hat.

5. **P. platyphylla** Herzog n. sp. in herb.

Untersucht: Costarica, Standley n. 35 100.

6. **P. retrorsa** G., Hep. Mex., 1867, p. 163.

P. frausa var. β G., Hep. Mex., 1867, p. 162.

Untersucht: Mexiko, Fr. Müller (Orig.).

Diese Art sowie die folgende fallen durch ihr engeres Zellnetz etwas heraus, wenn sie auch wie die anderen Arten die balkigen oder knotigen Eckverdickungen besitzen.

7. **P. tricarinata** Carl n. sp. in herb.

Untersucht: Costarica, Standley n. 43 582.

Das dreikielige Perianth ist morphologisch von grossem Interesse, da es die Beteiligung des Amphigastrialsegmentes am Perianthauf-

bau, die zwar anzunehmen ist, aber gewöhnlich nicht klar sichtbar
wird, zu erkennen gibt.

SEKTION ALTERNANTES

An ihrer Blattform ist diese Sektion sofort zu erkennen, und wie
die *minutidens*-Gruppe fast schon mit dieser allein charakterisiert.
Die Blattform ist, von der Insertion abgesehen, ± symmetrisch,
breit-elliptisch bis spatelähnlich. Der Ventralrand greift n i c h t
über den Stengel. Auffällig ist das fast kreisrunde, breite Apikalende,
nach der Basis zu finden wir eine deutliche Verschmälerung, der Dorsalrand ist in Insertionsnähe etwas eingezogen (bes. bei *P. grandifolia*). Die Blattrandgliederung kann bis zur ventralen Anheftung
reichen, lässt aber den unteren Vorderrand frei. Es sind spitze, gewöhnlich 2-zellige Zähne, die in regelmässiger Folge auftreten und
deutlich (bes. am Vorderrand) schräg zur Blattspitze hin gerichtet
sind. Durch die basalwärts deutlich verschmälerten Blätter und die
regelmässige, dichte Zähnung sind die *Alternantes* gut von der *glaucescens*-Gruppe unterschieden, an die das ähnliche Zellnetz erinnern
könnte. — Die Blätter stehen entfernt, höchstens sich berührend, sie
sind flach ausgebreitet und stehen mit weitem Winkel von der Achse
ab. Schliesslich ist noch der häufig schlaffe Bau der ansehnlichen, bis
10 cm langen Pflanzen, die nur spärlich und lang verzweigt sind, zu
erwähnen, die Blätter können bis 5 mm lang werden. Ob das langgestreckte Perianth von *P. columbica* Gruppenmerkmal ist, lässt sich
nicht feststellen; die nur von derselben Art bekannten Antheridienstände werden als intermediär angegeben. (Abb. 8*a*).

 1. **P. alternans** Ldbg., et G., Syn. Hep., p. 648.
Untersucht: Mexiko, Liebman; — Columbia, Killip n. 24 492.
Diese Pflanze scheint mit *P. columbica* näher verwandt zu sein,
worauf schon Gottsche (9) hingewiesen hat.

 2. **P. columbica** G., Ann. sc. nat., 1857, p. 324.
Untersucht: Costarica, Standley n. 36 608, 41 918, 43 945, 47 780,
50 294.
Eine von Stephani unter „*Pat. Ovif.*'' abgebildete Pflanze gleichen
Namens (Columbia, Stübel) stellt eine andere Art dar und ist ein
nomen nudum.

 3. **P. grandifolia** St., Spec. Hep., Vol. VI, p. 160.
Untersucht: Costarica, Werckle.

4. **P. oblita** St., Spec. Hep., Vol. II, p. 221.

Untersucht: Columbia, Killip n. 22 394.

+5. **P. semidentata** St., in Herzog, Die Bryophyten...., 1916, p. 210.

SEKTION SUBPLANAE

Über eine enge Verwandtschaft dieser Sektion mit den *Macrotrichae* dürfte kein Zweifel bestehen. Vielleicht könnten sogar beide Gruppen zu einem grösseren Verband zusammengenommen werden. Die *Subplanae* unterscheiden sich aber durch ihre Insertion. Während die *Macrotrichae* durchgehend ampliat sind, haben wir hier Arten nach dem *Patulae*-Typus .*P. amazonica* ist deshalb interessant, weil sie mit ihrer ventralen Blattanheftung zwischen beiden Typen steht. Aber auch hier ist das Blatt an der unteren Ventralseite nur wenig erweitert. Abgesehen von der rechteckig-eiförmigen Blattform dieser Art haben alle anderen *Subplanae* schmalen Blattzuschnitt, von den oval-verlängerten Blättern von *P. subplana* angefangen bis zu den linealischen von *P. leptodictyon*. Das Zellnetz entspricht vollkommen dem *contingens*-Typus. Spitze und Ventralrand der flach ausgebreiteten, sich berührenden oder nur schwach deckenden Blätter (die etwa mit 60° abstehen) tragen entfernt stehende lange Wimpern, die nur *P. subplana* nicht deutlich zeigt. — Vor allem treffen wir bei den *Subplanae* endständige Antheridienähren an — bei *P. divaricata* ist sogar bündelige Anhäufung angegeben —, was auch für die *Macrotrichae* gilt.

Vertreter der *Subplanae* könnten höchstens zu Verwechslungen mit Arten der *Cobanae* Anlass geben. Aber abgesehen von dem Unterschied im Zellnetz tragen die Blätter dort n i e m a l s Wimpern, sondern Zähne (nur bei *P. cobana* Lacinien), ferner herrscht bei den *Cobanae* die dunkel-olivgrüne Färbung vor, unsere Pflanzen sind hellbraun oder hell-gelbgrün gefärbt usw. — Die *Subplanae* enthalten nur mittelgrosse Pflanzen von höchstens 7 cm Sprosslänge.

1. **P. amazonica** Spruce, Edinb. Bot. Soc., 1885, p. 485.

Untersucht: Silv. amaz., Spruce.

2. **P. Kegeliana** St., Spec. Hep., Vol. II, p. 222.

Untersucht: Rio Negro, Spruce; — Columbia, Woronow n. 109.

Diese Art steht vielleicht der vorhergehenden recht nahe.

3. **P. subplana** Ldbg., Spec. Hep., p. 73.

Abb. 9. *a P. choachina* (Hzg.); — *b P. polopolensis* (Bucht.); — *c P. exserta* Perianth in situ; — *d P. crispabilis* mit blattb. Brutspr.; — *e P. cristata* (Standl.); — *f P. polopolensis* (Bucht.); — *g P. jovoënsis* (Orig.); — *h P. contigua* (Ule); — *i P. confertifolia* (Hoehne); — *k P. estrellensis*, ventrale Blattanheftung; — *l P. crispabilis*, dasselbe; — *m P. linearis* (Kill.); — *f* und *i* nat. Gr., alles übrige 18 ×.

Untersucht: Columbia, Killip n. 25 818b.

4. **P. hondurensis** Herzog n. sp. in herb.

Untersucht: Costarica, Standley n. 37 139 und 44 590; — Honduras, Standley n. 54 564.

An dieser Pflanze wurden eigenartige Rhizoidaussprossungen an den Wimperenden der Blätter festgestellt, die vielleicht mit einer besonderen Art von vegetativer Vermehrung in Zusammenhang stehen.

5. **P. leptodictyon** Herzog n. sp. in herb.

Untersucht: Costarica, Standley n. 36 815.

+6. **P. divaricata** Ldbg., Spec. Hep., p. 147.

Untersucht: Dominica, Elliott.

Das Exemplar von Costarica (leg. Tonduz) gehört sicher nicht hierher, da schon allein das Zellnetz viel dichter ist.

SEKTION PARALLELAE

Eine durch Blattform und Verzweigungsweise ausgezeichnete Gruppe von Arten! Charakteristisch ist das ligulate, über 2 × länger als breite, nur an der oberen Hälfte wenig gezähnte Blatt, das zwischen dem etwas gedrungen zungenförmigen Zuschnitt von *P. falcata* und *parallela* und dem schmalen Bau von *P. patentissima* schwanken kann. Immer ist der Dorsalrand gerade (ausser bei *P. falcata*) und der Hinterrand höchstens ganz leicht gebogen, oft dem anderen parallel. Die Verzweigung ist dergestalt, dass ein unten unverzweigter Hauptspross sich nach oben in wiederholt gegabelte Seitenzweige auflöst, so dass der Eindruck einer locker-bäumchenförmigen Verzweigung zustande kommt. Die Folgedichte der Blätter schwankt zwischen der entfernten Stellung bei *P. jovoënsis* und der etwas imbrikaten bei *P. confertifolia.* —Das Zellnetz erinnert sehr an die *Hypnoides*, zu denen aber keine direkten Beziehungen bestehen. Wir haben mittelgrosse, gestreckte Zellen mit deutlichen dreieckigen Eckverdickungen.

Manche Arten (*P. falcata, crispabilis*) besitzen blattbürtige Brutsprösschen. Die Androeceen stehen intermediär an den Zweigen. Die etwas starren Pflanzen bleiben unter 10 cm Sprosslänge, während die Blattlänge meist um 3 mm liegt. — Die Blätter, die auch an der trockenen Pflanze gerade gestreckt, in der Längsrichtung nach der Spitze zu eingerollt sind und in gleichem, ziemlich grossem Winkel ähnlich den Zähnen eines Kammes abstehen, stempeln die Arten der

Sektion im Verein mit der Verzweigung zu einem schon fast im Herbar zu erkennenden Typus.

Die Blattform könnte Vertreter dieser Sektion mit gewissen Arten der *Cobanae* verwandt erscheinen lassen. Beide Formenkreise sind aber gut unterschieden. Das beste Merkmal ist vielleicht die ventrale Insertion. Bei den *Parellelae* ist der basale ventrale Randteil nach aussen umgeschlagen. Die *Cobanae* zeigen das nicht, oder höchstens schwach angedeutet. Die Lamina bildet vielmehr mit der Blattpartie in Insertionsnähe nur eine wenig hohle, fast ebene Fläche. — In diese Sektion scheinen noch mehr Arten zu gehören. (Abb. 9*d*, *g*, *i* und *l*).

1. **P. parallela** St., Spec. Hep., Vol. II, p. 223.
Untersucht: Brasilia, Rio Grande, Ihering.

2. **P. jovoënsis** St., Spec. Hep., Vol. II, p. 224.
P. rutilans var. β *Liebmanniana* G., Hep. Mex., 1867, p. 136.
Untersucht: Mexiko, Hac. de Jovo, Liebmann (Orig.).

3. **P. confertifolia** Tayl., J. of Bot., 1846, p. 270.
Untersucht: Brasilia, Hoehne n. 51, 118, 261 und 369; — Brasilia, Gehrt n. 451.

4. **P. patentissima** Ldbg., Spec. Hep., p. 64.
Untersucht: Brasilia, Lützelburg n. 6 134.

5. **P. trichomanes** Spruce, Bull. Soc. bot. France, 1889, p. CC.
Untersucht: Brasilien, Hoehne n. 141 und 184.

6. **P. crispabilis** Ldbg., Spec. Hep., p. 15.
Untersucht: Brasilia, Hoehne n. 125, 148 und 378; — Brasilien, Gehrt n. 344 und 473; — Columbia, Killip, n. 11 652.

7. **P. Camusii** St., in Herzog, Die Bryophyten...., 1916, p. 193.
Untersucht: Bolivia, Tablas, Herzog n. 4 534.

+8. **P. fallax** Ldbg. et Hampe, Linnaea 1851, p. 300.

9. **P. falcata** St., Spec. Hep., Vol. II, p. 248.
Untersucht: Brasilien, Apiahy, Puiggari n. 2 079 (Orig.).

Nur bei dieser Art sind die Blätter leicht sichelähnlich gekrümmt, beide Blattränder sind aber einander parallel.

SEKTION COBANAE

Diese Gruppe von Arten, die dem *Patulae*-Typus angehört, ist an der Blattform zu erkennen. Wir treffen schmale und lang-linealische, nicht abwärtslaufende Blätter an, die nicht abgerundet oder abgestutzt am Apikalende sind, sondern beide Ränder verjüngen sich etwa gleichstark. Die Randgliederung ist im allgemeinen spärlich und erfasst nur das oberste Blattdrittel (selten laufen auf der Ventralseite die Zähne bis zur Hälfte abwärts). Während bei *P. linearis* nur 2—3 kräftigere Apikalzähne vorhanden sind, haben wir bei den anderen Arten eine grössere Zahl von Zähnen. Nur bei *P. cobana* findet man die Blattspitze in kurze Zipfel aufgelöst. Trotzdem ist aber unsere Sektion mit den *Bursatae* sicher nicht verwandt, denn das Zellnetz ist ganz abweichend. Es hat mit dem der *Macrotrichae* gewisse Ähnlichkeit, da es auch lockerzellig ist. — Bemerkenswert ist die Farbe der meisten *Cobanae*. Wir finden nämlich dunkel-olivgrün, mitunter sogar schwärzlich gefärbte Pflanzen. Vielleicht kann man die drei letzten der angeführten Arten unter sich besonders zusammenfassen, da sie diese Eigenschaft nicht zeigen. — Die Blätter, die sich nur bei *P. Standleyi* leicht decken können, stehen sonst durchweg entfernt, der Winkel schwankt zwischen 60—75°, meistens liegt er um 70°. — Die gewöhnlich steifen Sprosse sind nur spärlich verzweigt. — Sind schon die Blätter unserer Sektion schmäler als bei den *Parallelae*, so zeigt die ventrale Insertion, aber auch die Verzweigung weiterhin abweichende Verhältnisse. (Abb. 9 *m*, und *k*).

1. **P. Perrotetiana** Mont., Ann. sc. nat., 1856, p. 195.
Untersucht: Dominica, Elliott.

+2. **P. Harrisana** St., Spec. Hep., Vol. VI, p. 165.

3. **P. Standleyi** Herzog n. sp. in herb.
Untersucht: Costarica, Standley n. 37 881 und 47 057.

Die mit olivgrünem Inhalt vollgestopften Blattzellen dieser herrlichen Pflanze erinnern an dieselbe Eigenschaft bei *P. Warnstorfii* und Verwandten der patagonischen Flora. — Diese Art unterscheidet sich von den ihr sicher nahestehenden, in der Blattform sehr ähnlichen *P. Harrisana* und *Perrotetiana* durch ihre (etwa gleichlangen, aber) schmäleren Blattzellen.

4. **P. organensis** Herzog, Fedde Repert., XXI, 1925, p. 23.
Untersucht: Brasilien, Lützelburg n. 6 350a (Orig.).

5. **P. estrellensis** Herzog, Fedde Repert., XXI, 1925, p. 23.
Untersucht: Brasilien, Lützelburg n. 7 217 (Orig.).

6. **P. cobana** St., Spec. Hep., Vol. VI, p. 138.
Untersucht: Ecuador, Allioni (Orig.); — Columbia, Killip n. 11 288.

7. **P. linearis** Herzog n. sp. in herb.

Untersucht: Columbia, Killip n. 11 293.

8. **P. distinctifolia** Ldbg., Spec. Hep., p. 17.

Untersucht: Guatemala, Türkheim; — Costarica, Standley n. 38 160 und 51 619; n. 35 668 (n. f. *crassiretis* Hzg.).

SEKTION CONTIGUAE

Für diese Gruppe, der sicher noch eine grosse Zahl weiterer Arten angehören, ist neben der Form auch die Folgedichte und der Winkel der Blätter wichtig. Die flachen oder leicht hohlen Blätter stehen niemals imbrikat, sondern berühren sich (ev. ganz schwache Deckung), an der trockenen Pflanze stehen sie entfernt. Die Blattform ist eiförmig oder oval-dreieckig. Der Winkel ist auffallend spitz und liegt um 50°. Die Perianthien tragen stets Dorsalflügel. Das Zellnetz ist recht konstant. Die Zellgrösse beträgt für das apikale Blatt 18—23 × 23—27 µ, für die Blattbasis 23—27 × 27—35 µ. Anguläre oder kurze balkige Verdickung kann vorhanden sein. Eine Verwechslung mit Arten anderer Sektionen ist kaum möglich. (Abb. 9*h*).

1. **P. contigua** G., Hep. Mex., 1867, p. 126.
Untersucht: Brasilien, St. Catarina, Ule.

2. **P. Bogotensis** G., Ann. sc. nat., 1864, p. 4.
Untersucht: Nova Granada, Lindig.

3. **P. brevicalycina** L. et G., Syn. Hep., p. 631.
Untersucht: Merida, Tovar, Moritz.

4. **P. barutana,** G., Hep. Mex., 1867, p. 119.
Untersucht: Bolivia, San Miquelito, Herzog n. 2 746a.

5. **P. binominis** G., Ann. sc. nat., 1864, p. 9.
Untersucht: Nova Granada, Lindig.

SEKTION CHOACHINAE

Zwei Formenkreise setzen diese Sektion zusammen, von denen der eine *P. acanthoda*, der andere *P. choachina* als Mittelpunkt hat. Bei dem ersteren sind die Bläter stets ampliat, in der zweiten Gruppe gehören sie meist dem *Patulae*-Typus an. Während der erste Formenkreis neben einseitswendigen auch flach ausgebreitete Blätter enthält, haben die Vertreter des anderen stets hohle Blätter mit einseitswendiger Stellung und gewöhnlich halboffener Deckung. Obwohl in der Blattform Unterschiede sind, kann ich beide Elemente nicht säuberlich scheiden. — Der Blattzuschnitt führt über die rundliche Form von *P. choachina* zu ovalem, vielleicht auch eiförmigem Umriss. Der gezähnte, mitunter eingeschnittene Blattrand (der Dorsalrand bleibt ganzrandig) trägt nie über 15 Zähne, meist wesentlich darunter. — Fast bei allen Arten ist eine biologische Besonderheit festzustellen, nämlich Brutblattbildung. Blattlose neben beblätterten Sprossen sind bei *P. barbata, Berggrenii, choachina* usw. stets anzutreffen. *P. exesa,* bei der regelmässig die Blattzähne in den Dienst der vegetativen Vermehrung treten, und *P. lacerifolia,* deren Blattzähne auch leicht brüchig sind, lassen sich gut hier anschliessen. — Die Sprosslänge der Vertreter dieser Sektion erreicht — von *P. guadalupensis* abgesehen — höchstens 6 cm und bleibt oft weit darunter. Die Perianthien weisen stets einen Dorsalflügel auf. Kutikuläre, warzige oder gestrichelte Verdickungen sind mitunter festzustellen. Hier könnten etwa *P. striolata, oxyphylla* und *acanthoda* erwähnt werden. — Wir haben durchgehend mittelgrosse, basalwärts nur wenig gestreckte Zellen, die stets oft recht auffällig angulär verdickt sind.

In diese Gruppe dürften noch weitere Arten gehören. Z.B. ist der Blattzuschnitt von *P. Fendleri* und *P. Pittieri* ganz entsprechend unserer Sektion. — Es sind höchstens Verwechslungen mit Arten der *Arrectae* möglich, die sich aber durch ihre extrem einseitswendige oder gar arrekte Stellung der Blätter unterscheiden. (Abb. 9*a*).

1. **P. barbata** St.,in Herzog, Die Bryophyten...., 1916, p. 190.
Untersucht: Bolivia, Comarapa, Herzog (Orig.).

2. **P. Berggrenii** St., in Herzog, Die Bryophyten....,1916, p. 191.
Untersucht: Bolivia, Tablas, Herzog (Orig.).

3. **P. deciduifolia** St., in Herzog, Die Bryophyten...., 1916, p. 195.
Untersucht: Bolivia, Comarapa, Herzog (Orig.); — Columbia, Killip n. 12 097, 15 305 und 20 253.

4. **P. striolata** St., in Herzog, Die Bryophyten...., 1916, p. 211.
Untersucht: Bolivia, Corani, Herzog n. 5 078 (Orig.).

5. **P. choachina** G., Ann. sc. nat., 1867, p. 1.
P. filicaulis Spruce, Edinb. Bot. Soc., 1885, p. 483.
Untersucht: Bolivia, Corani, Herzog n. 3 405; — Brasilien, Lützelburg n. 6 185a; — Columbia, Killip n. 24 867b; — Costarica, Standley n. 47 457 und 49 862; n. 42 346 und 49 889a. (var. *plurispina* Hzg.).

6. **P. punctata** Taylor, J. of Bot., 1844, p. 371.

Untersucht: England, Wales, Jones and Rhodes; — Norwegen, Jörgensen (var. *minuta*).

Es ist erstaunlich, wie nahe diese Art mit *P. choachina* zusammengeht. Blattform und Zellnetz finde ich fast identisch! Wenn man schon einmal für unsere europäische Art einen Anschluss an tropische Formenkreise sucht, scheint mir nur diese Verknüpfung allein möglich.

7. **P. exesa** G. et L., Syn. Hep., p. 629.

Untersucht: Mexiko, Liebmann (Orig.); — Columbia, Killip n. 5 275 (f. *ditius corrosa* Hzg.).

Ein unversehrtes Blatt ist am erwachsenen Spross nicht mehr zu finden. Die Blattzähne dienen nämlich der vegetativen Vermehrung. Selbst die Perianthmündung, die unregelmässig zerfressen aussieht, wird in diesen Prozess mit einbezogen! Wenn auch GOTTSCHE (9) bemerkt: „omnium (i.e. plantarum d. Verf.) folia erant exesa, ita ut dentes veros marginis tantum hic et illic distinguere potuerim," hat er doch nicht Brutorganbildung vermutet. STEPHANI hat wegen der „zerfressenen" Blätter die Art mit Unrecht überhaupt ganz kassiert.

8. **P. lacerifolia** St., in Herzog, Die Bryophyten...., 1916, p. 202.

Untersucht: Bolivia, Herzog n. 3 901 (Orig.).

9. **P. acanthoda** G. et L., Syn. Hep., p. 633.

Untersucht: Bolivia, Pearce, Herb. Steph.; — Costarica, Standley n. 36 272, 42 813, 50 627.

10. **P. abscedens** G., Ann. sc. nat., 1864, p. 104.

Untersucht: Nova Granada, Herb. Lindig.

11. **P. guadalupensis** G., in Husnot, Hep. exsicc. Antill.

Untersucht: Guadeloupe, l'Herminier (Orig.).

12. **P. oxyphylla** Spruce, Edinb. Bot. Soc., 1885, p. 480.

Untersucht: And. Quit., Hep. Spr. (Orig.).

SEKTION RUTILANTES

Unter den von STEPHANI in seinen „*Patulae*" zusammengefassten Arten zeichnet sich neben den *Bursatae* die vorstehende Sektion sehr gut ab. Ihre Vertreter sind fast schon habituell zu erkennen. Einmal gehört hierher ihre braune, mitunter recht dunkle Färbung. Dazu kommen die steifen Sprossachsen, an denen sparrig abstehende Blät-

ter stehen. Die Blätter, die an der trockenen Pflanze deutlich einseitswendig sind, breiten sich auch im feuchten Zustand nicht flach
in einer Ebene aus, sondern behalten ihre Stellung bei, indem die Laminae $\pm$ einseitswendig schräg zur Sprossachse stehen, vor allen
Dingen voneinander w e i t   e n t f e r n t.

Die Blattform schwankt etwas, indem bei *P. simplex* und *rutilans*
etwa eiförmig-dreieckige Blätter anzutreffen sind, die bei anderen
Arten länger gestreckt sind. Aber nur bei *P. polopolensis* und *pellucida* übertrifft die Länge das Doppelte der Blattbreite. Die Zähnung
innerhalb der Gruppe ist wieder recht einheitlich. Es sind wenige,
kräftige, gleichgrosse Randzähne vorhanden, meist unter 10. — Das
Zellnetz führt als letztes die Arten zusammen. Während die Apikalzellen 30 µ lang (und 23—30 µ breit) sind oder darüber, können die
Basalzellen bis 50 µ lang werden. Die drei ersten der aufgeführten
Arten unterscheiden sich von den folgenden durch ihre sehr starken
knotigen oder balkigen Wandverdickungen. Der *bursata*-Typus
kommt vor allem deshalb nicht in Frage, weil die Zellen kaum gestreckt sind. — Aber auch die *Permistae* mit ihren einseitswendigen
Blättern entfernt die dichte Blattstellung weit von unserer Sektion.
— Das weniger verdickte Zellnetz der letztangeführten Arten unserer
Sektion kommt aber nahe an das der *Cobanae*. Über die Unterschiede
siehe dort. — Die Perianthien, die n i c h t von den Floralblättern
eingehüllt sind, sondern frei stehen, werden gewöhnlich von zwei Innovationen übergipfelt.

In diese Sektion gehört auch eine als *P. exserta* von STEPHANI bezeichnete unveröffentlichte Art von Martinique (Hahn). Ich glaube,
dass sie in den Formenkreis der offenbar polymorphen *P. rutilans* zu
nehmen ist. — *P. tenuispica*, die nach Blattform und Zellnetz sehr
gut hierher passte, repräsentiert wegen ihrer fiederigen Verzweigung
offenbar einen besonderen Typus. (Abb. 9*b, c* und *f*).

1. **P. rutilans** Ldbg., Spec. Hep., p. 47.

P. gymnocalycina M. et N., Spec. Hep., p. 48; — *P. remotifolia* Hpe.
et G., Linnaea, 1852, p. 340; — *P. portoricensis* Hpe. et G., Linnaea 1852.

Untersucht: Spruce, Campana; — Dominica, Elliott; — Portorico,
Sintenis; — Portorico, Schwanecke und Dominica, Elliott n. 1 089
(unter dem Namen *P. gymnocalycina*). Eine Pflanze aus dem Herb.
Levier (det. Steph. n. 1 333) ist zweifellos etwas ganz anderes.

2. **P. tenuis** Ldbg., Spec. Hep., p. 50.

P. negrensis Spruce, Edinb. Bot. Soc., 1885, p. 466.

Untersucht: Guadeloupe, l'Herminier.

STEPHANI gibt als Blattlänge 1 mm an, ich stelle mindestens das Doppelte fest.

3. **P. simplex** (Sw.) Dum., Rec. d'obs., p. 15.

Jung. Sw., Prodr. Fl. Ind. occ., p. 143.

Untersucht: Brasilia, leg?; — Rio Negro, Hep. Spr.

4. **P. Durieui** G., in G. et R., Hep. Exsicc., n. 553.

Untersucht: Guadeloupe, l'Herminier.

5. **P. polopolensis** Herzog, Hedwigia, Bd. 67, 1927, p. 261.

Untersucht: Bolivia, Buchtien n. 86 und 199 (Orig.).

6. **P. pellucida** Herzog, Fedde Repert., XXI, 1925, p. 23.

Untersucht: Brasilien, Lützelburg n. 7 011 (Orig.).

Diese Pflanze muss umbenannt werden, da es noch eine zweite, hiervon verschiedene gleichen Namens gibt. (L. et G., Syn. Hep., p. 628).

ANHANG

Über die Stellung der folgenden Arten kann ich noch keine bestimmten Angaben machen.

1. **P. cristata** (Swartz) Dum., Rec. d'obs., p. 15.

Jung. Swartz, Prodr. Fl. Ind. occ., p. 143; — *P. secundifolia* L. et Hpe., Linnaea, 1851, p. 302.

Untersucht: Costarica, Standley n. 48 187, 50 578 und 52 160.

Ob trotz der verschiedenen Zellnetze eine Verwandtschaft mit den im Blattzuschnitt sehr ähnlichen *P. cristatissima* und *scopulosa* besteht? — An ihrer auffälligen Blattform und der sehr schönen Crista ist diese wundervolle Pflanze sofort zu erkennen. (Abb. 9e).

2. **P. confundens** L. et G., Linnaea, 1852, Vol. 25.

Untersucht: Costarica, Tonduz; — Brasilien, Lützelburg, n. 21 273; — Costarica, Standley n. 39 107 und 49 859 (f. *densifolia*); — Panama, Troll.

Einen Anschluss an andere Sektionen verbietet das Zellnetz, das aus kleinen, längsgestreckten und longitudinal verdickten Zellen besteht. Der Charakter ist aber ein anderer als bei den *Bursatae*. — Die 3 noch folgenden Arten zeichnet ein ähnliches Zellnetz aus. Ob sie alle zusammengenommen werden könnten? Sie sind z.B. alle fiederig verzweigt.

3. **P. bryopterioides** Spr. Edinb. Bot. Soc., 1885, p. 499.
Untersucht: And. peruv., Spruce (Orig.); — Costarica, Standley
n. 48 284a.

4. **P. tamariscina** St., Spec. Hep., Vol. II, p. 222;
P. distinctifolia in G. et Rab., Exiscc. 551.
Untersucht: Domingo, Eggers, 1 725g.

5. **P. anguste-oblonga** St., in Herzog, Die Bryophyten...,
1916, p. 189.
Untersucht: Bolivia, Buchtien n. 97 und 212.

II. DAS PALÄOTROPISCHE FLORENREICH

Das paläotropische Florenreich möchte ich in zwei Teilareale zerlegen, die Indomalaya, der Ozeanien anzuschliessen ist, und das tropische Afrika. Nur das erste Florengebiet wird in dieser Darstellung
berücksichtigt. Die afrikanischen *Plagiochilen* waren von der Bearbeitung ausgeschlossen.

Eine ganze Anzahl gut gekennzeichneter Formenkreise sind leicht
zu isolieren. Eine schöne Artengruppe, die *Cucullatae*, die in dem
mittleren Abschnitt der Indomalaya zu Hause ist, besitzt einen zu
einem Wassersack umgebildeten ventralbasalen Blattrand und flächige Amphigastrien; interessante Typen, die der tropische Himalaya
zusteuert, sind die *Hamulispinae* mit ihren gedrehten Blättern oder
die *Subtropicae* mit ihren gewundenen Blattrandwimpern. An ihrem
besonderen Zellnetz sind die *Zonatae* und *Peculiares* zu erkennen, an
der schön fiederästigen Verzweigung die *Abietinae*. Eine ganze Menge
gegensätzlicher Typen treffen wir an. Auf der einen Seite haben wir
die ganz zarten, fädigen *Capillares*, andererseits die prächtigen *Nobiles* mit ihren Riesensprossen. Hier die grünen *Infirmae*, dort die gold-
gelben *Acanthophyllae* oder die braunen *Belangerianae* und *Fuscae*.

In die 18 Sektionen, die unterschieden werden, konnten gegen 130
Arten aufgenommen werden.

ÜBERSICHT DER SEKTIONEN

1. Pflanzen sehr zierlich, fädig fein, mit winzigen, wenigzähnigen Blättern.
Cuticularstruktur fehlt . . . . **Sektion Capillares** (S. 90).
— Pflanzen kräftiger, mittelgross oder recht stattlich . . . . 2.
2. Der basale, ventrale Blattrand ist entweder rinnig oder zylindrisch umgelegt, oder häufiger zu einem sackförmigen, aufgetriebenen Wasserfänger

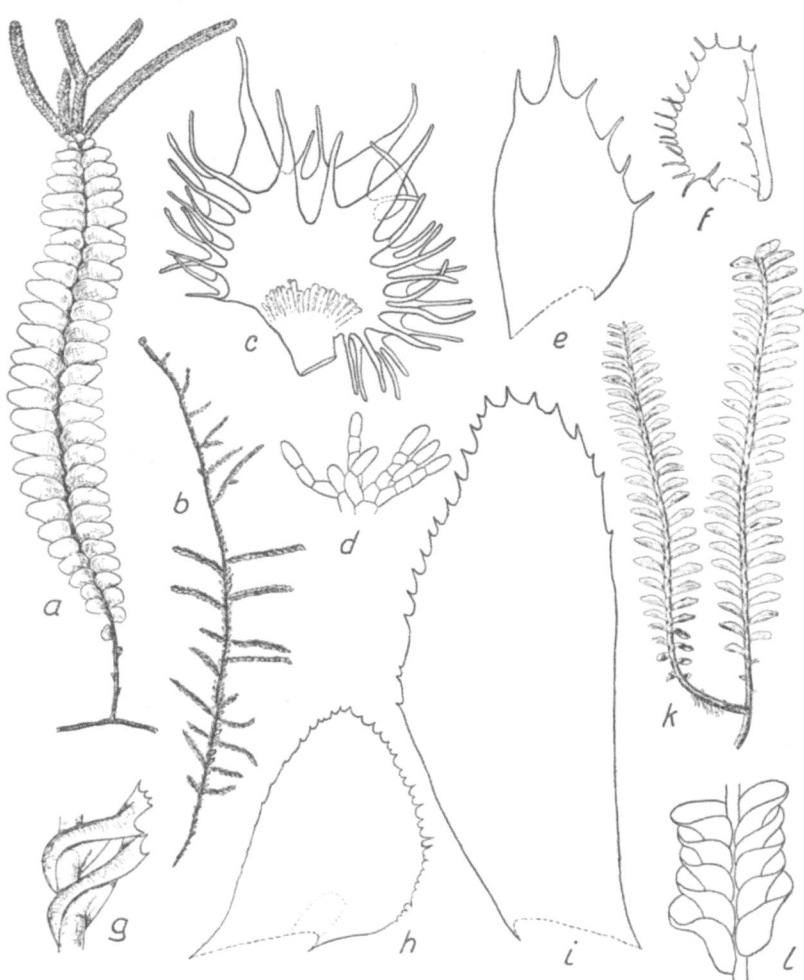

ABB. 10. *a P. Sandei* (Renner); — *b P. abietina* (Schffn.); — *c P. Sockawana* (Renner), junges Perianth; — *d P. Sandei* (Renner), Amphig.; — *e P. scio-phila* (Miyake); — *f P. abietina* (Schffn.); — *g P. zonata* (Del.); — *h P. semi-decurrens* (Geb.); — *i P. nobilis* (Renner); — *k P. nobilis* (Renner); — *l P. Sandei* Antheridienstand v. d. dorsalen Seite. — *a, b, k* nat. Gr.; — *d* 100 ×; — alles übrige 18 ×.

umgebildet. Der Blattrand trägt Cilien. Die Antheridienähren stehen terminal in fächerartiger Anhäufung, Brakteen meistens glattrandig. Amphigastrien meistens flächig entwickelt, zerschlitzt und reich gewimpert. Zellnetz
weit, pellucid, zart, kaum verdickt. Verzweigung spärlich. . . . .
                                            Sektion Cucullatae (S. 90).
— Es ist kein Wassersack oder eine Rinne vorhanden, Zellnetz meist anders gestaltet, ♂ Stände selten terminal . . . : . . . . 3.
    3. Zellen eigentümlich verdickt mit unregelmässig vorspringenden Kno-
ten, auch oft wurmähnlich gekrümmt, Blätter einseitswendig, wenigstens 2
mm gross . . . . **Sektion Peculiares** (S. 96).
— Zellen anders gestaltet . . . . 4.
    4. Apikalzellen bis 15 × 15 μ gross, sehr häufig kleiner, Vitta stets deut-
lich vorhanden. Rhizoiden auf der Stämmchenunterseite sehr häufig. Blätter
sehr hohl, mit umgeschlagenem Dorsalrand, einseitswendig. Pflanze einfach
oder nur wenig verzweigt. Perianth flügellos . . **Sektion Zonatae** (S. 97).
— Zellen grösser, Vitta mitunter vorhanden, meistens aber fehlend, Rhizoiden sehr selten. Beblätterung einseitswendig oder flach ausgebreitet . 5.
    5. Pflanzen regelmässig fiederig verzweigt, mit kurzen Seitenzweigen,
recht dunkel gefärbt. Blätter stark randgegliedert, dichtstehend, einseitswendig. Zellnetz derb, mit knotigen Eckverdickungen, Vitta vorhanden. Androeceen an den Fiederästen stehend . . . **Sektion Abietinae** (S. 99).
— Pflanzen einfach oder dichotom, bündelig oder bäumchenartig verzweigt, ganz selten unregelmässig fiederig, aber dann anders gefärbt; Blätter
einseitswendig oder flach ausgebreitet . . . . 6.
    6. Blätter rundlich, gezähnelt oder ganzrandig, ± einseitswendig, Dor-
salrand häufig umgeschlagen . . . . **Sektion Asplenioides** (S. 101).
— Blätter höchstens eiförmig-dreieckig, aber dann anders randgegliedert,
oder ganz anders gestaltet . . . . 7.
    7. Blätter entfernt stehend, flach ausgebreitet, nicht herablaufend, ver-
längert-halbeiförmig, 5 mm gross, an der oberen Hälfte regelmässig gezähnt.
Zellnetz absolut unverdickt. ♂ Ähren zu mehreren terminal stehend. Pflanzen recht gross, bis 20 cm lang . . . . **Sektion Nobiles** (S. 102).
— Blätter dicht stehend oder ampliat oder einseitswendig, seltener entfernt stehend, dann aber ganz anders gestaltet . . . . 8.
    8. Das ventrale Blattohr ist stark und auffällig erweitert. Blatt dorsal
mit breitem Flügel ablaufend, mit abgestutzter Spitze, abgesehen vom unteren Vorderrand ringsum bewimpert, Wimpern dünn auslaufend, hin- und
hergebogen, mitunter korkzieherartig gewunden. Zellnetz mit sehr deutlichen
Eckverdickungen, Amphigastrien rudimentär **Sektion Subtropicae** (S. 102).
— Starke, ventralbasale Erweiterung am Blatt vorhanden, dann aber
keine gekrümmten, dünnen Cilien oder ohne abgestutzte Blattspitze oder
ohne breiteren ablaufenden Dorsalrand — oder viel häufiger ohne auffallend
starken Flügel und Blatt ganz anders gestaltet . . . . 9.
    9. Zellnetz (nach Art der *Cucullatae*) pellucid, ziemlich weitlumig, zart,
apikal isodiametrisch, mit gar keinen oder nur geringen Eckverdickungen.

Pflanzen hellgelb oder hellgelb-braun, nicht auffällig braun gefärbt. Blätter flach zweizeilig ausgebreitet, sich berührend oder deckend, entweder Blattohr in der Gliederung hervorgehoben oder Blätter nach unten breiter werdend, sehr breit inseriert, am Apikalende laciniiert. Androeceen terminal oder intermediär. Amphigastrien rudimentär. Dorsaler Perianthflügel fehlt
                                                                            10.
— Pflanzen ähnlich gefärbt, dann Zellnetz anders gestaltet und keine dünn auslaufenden Lacinien, oder meistens anders gefärbt. Blätter flach oder einseitswendig . . . . 11.

10. Pflanzen einfach oder fiederig verzweigt. Ventralbasaler Blattrand in der Randgliederung gegen die Spitze auffallend verschieden, Blätter verlängert. . . . . **Sektion Kaalaasii** (S. 103).

— Pflanzen nicht oder spärlich, sehr selten fiederig verzweigt, oft schön goldgelb gefärbt. Blätter eiförmig-gedrungen oder trapezähnlich, sehr breit inseriert, nach unten sich verbreiternd, Spitze mit mehreren dünnen (darunter meist zwei grossen) Lacinien, Ventralrand mit wenigen Wimpern bewehrt. . . . . **Sektion Acanthophyllae** (S. 104).

11. Blätter nicht einseitswendig, weit ampliat, breit eiförmig-dreieckig oder breit-herzförmig, mit meist breiter abgerundeter oder abgestutzter Spitze, ventrale Erweiterung sehr auffällig 12

— Blätter deutlich einseitswendig oder, wenn flach ausgebreitet, anders gestaltet . . . . 13.

12. Stattliche, wenig verzweigte Pflanzen. Blätter ringsum dicht gezähnt, Ventralbasis halbkreisförmig vorgewölbt, eine Crista bildend. Grössere, stark zerteilte Amphigastrien öfters vorhanden . . . .
                                            Sektion Villosae (S. 106).

— Blätter nur an der Spitze stumpf gezähnt oder höchstens am oberen Ventralrand mit einigen entfernten Zähnen, an der Spitze mitunter gerade abgestumpft, Amphigastrien stets rudimentär . . . .
                                            Sektion Latifoliae (S. 108).

13. Pflanzen meistens grün gefärbt in verschiedenen Abstufungen, reicher, mitunter bäumchenartig verzweigt. Blätter flach zweizeilig ausgebreitet, dorsal glattrandig, mitunter an der Spitze abgestutzt, Randzähne nicht sehr dicht stehend. Zellen chlorophyllreich, etwas gestreckt, keine knotigen, höchstens dreieckige Eckverdickungen, Vitta fehlt **Sektion Infirmae** (S. 110).

— Pflanzen braun gefärbt oder deutlich einseitswendig oder klein, mit entfernt stehenden länglich-ovalen Blättern und grossen Perianthien (*Firmae*) . . . . 14.

14. Pflanzen klein, hellgelbbraun gefärbt; Blätter länglich-oval oder spatelig, mit wenigen kräftigeren Apikalzähnen, entfernt stehend oder sich höchstens berührend, ± einseitswendig, bis etwa 2 mm lang . . . .
                                            Sektion Firmae (S. 112).

— Blätter sehr stark einseitswendig, dann meist grösser, dichter stehend, reicher — wenigstens die obere Blatthälfte — randgegliedert — oder Pflanzen sehr ansehnlich, schön braun gefärbt mit ± zweizeiliger Beblätterung. . 15.

15. Blätter sehr stark einseitswendig, stark hohl oder tütenförmig eingerollt, mit kleinen, öfters auf den Dorsalrand übergreifenden Zähnen oder
ringsum mit derben Dornen bewehrt . . . . 16.

— Pflanzen auffallend braun gefärbt, Blätter zweizeilig ausgebreitet,
Dorsalrand stets glattrandig, mitunter Apikalzellen auffallend gross (*Fuscae*) . . . . 17.

16. Pflanzen bäumchenähnlich oder bündelig verzweigt. Blätter ringsum mit entfernt stehenden, sehr grossen, oft hakig gebogenen Randdornen,
verlängert-dreieckig. . . . . **Sektion Hamulispinae** (S. 113).

— Pflanzen nicht oder nur wenig verzweigt. Blätter mit dicht stehenden
Zähnen oder kurzen Dornen bewehrt, oval oder auch breit dreieckig-eiförmig. Perianthien ungeflügelt und sehr gross. **Sektion Renitentes** (S. 114).

17. Zellnetz sehr weitlumig (Apikalzellen 35µ), stark eckverdickt. Blätter
4 mm lang, mit spitzen kurzen Dornen. Blattdeckung halboffen. ♂ Ähren
endständig, mitunter zu mehreren; Brakteenrandgliederung verarmt. Perianthmündung fein gezähnt. . . . . **Sektion Fuscae** (S. 116).

— Zellnetz kleinzelliger. Blätter schief abstehend (60°), schief eiförmig-
verlängert, mit breiten dornähnlichen, unregelmässigen Zähnen. Pflanzen
verzweigt mit verlängerten, dünn auslaufenden Seitenästen . . . .
Sektion Belangerianae (S. 117).

SEKTION CAPILLARES

P. capillaris lässt sich nirgends anschliessen. Dieses äusserst zierliche, fast fädig-feine Pflänzchen steht wohl isoliert. Andere Arten
mit ähnlichem Blattzuschnitt gibt es noch eine ganze Anzahl, aber
die abweichende Verzweigung oder ein anders geartetes Zellnetz lassen sie sofort als etwas Besonderes erscheinen. Die Stellung der im
Anhang (S. 118) angeführten *P. singularis* und *P. Burgeffiana* ist
noch unbestimmt.

Überhaupt sind die zierlichen klein und entfernt beblätterten Arten keineswegs eine einheitliche Gruppe, sondern vermutlich Kon-
vergenzbildungen recht verschiedener Artenkreise. In Amerika kehren ganz ähnliche Typen wieder (*Bidentes*).

P. capillaris Schiffn. in herb.

Untersucht: Yünnan, Handel-Mazzetti, p. 9 144.

SEKTION CUCULLATAE

Diese morphologisch interessante Gruppe zeichnet sich vor allem
durch den Besitz eines Cucullums, d.h. durch einen zu einem Wassersack umgebildeten, basalen Ventralrand des Blattes aus. Mit diesem
Merkmal gehen aber noch eine ganz Anzahl anderer einher, die, auch

wenn wir die Wassersäcke nicht anträfen, trotzdem diese Gruppe zu einem nahe verwandten Artenverband stempeln würden.

Alle Arten haben stark randgegliederte Blätter mit oft sogar lang gewimperten Rändern. Häufig geht die Randbewehrung auf den dorsalen Blattrand über, der bei vielen Arten ausserdem noch fast in seiner ganzen Länge eingeschlagen ist und so eine halbzylindrische Rinne bildet. *Cucullatae* mit rundlichen Blättern gibt es nicht, meist ist der Blattzuschnitt ± dreieckig verlängert. Die Blätter stehen nie entfernt, stets dicht aufeinander folgend, oft imbrikat. — STEPHANI bemerkt im Anschluss an die Diagnose von *P. Kaalaasii*, dass die Blattzähne vieler *Cucullatae* „am basalen Teile des Blattes wesentlich länger sind und auffallend von den kurzen, apikalen Zähnen abweichen". Die ventralen Blattflügel von *P. parvisacculata* oder *mutabilis* können z.B. lange Wimpern tragen, während am Apikalende nur kurze, aus breitem Grund aufsteigende Blattzähne oder -dornen vorhanden sind. Dieses Merkmal klingt an die sicher verwandten *Kaalaasii* an. — Die Amphigastrien sind ein Merkmal der *Cucullatae*, das selbst von Autoren festgestellt wurde, die auf diese Verhältnisse wenig Wert legen. Denn sie treten hier meist in ansehnlicher Grösse auf. Sie sind flächig ausgebildet und ± symmetrisch in oft zwei noch weiter gegliederte und in Wimpern und Lacinien aufgeteilte Blattzipfel gespalten. Im Involukralblattkreis und an den Antheridienähren zeigen sie oft Vereinfachungen in der Ausbildung. Ein Brakteenblatt ist häufig mit dem Amphigastrium desselben Zyklus „kongenital" verwachsen, in der ♀ Gametangienregion habe ich keine Verwachsungen beobachtet. — Die normal beblätterte Sprossachse schliesst mit der Hervorbringung der ♂ und ♀ Organe ihr Wachstum ab. Aber diese Triebe entspringen einem im Substrat kriechenden Rhizom, das eben in dem Masse, wie die Hauptsprosse zu weiterem Wachstum unfähig werden, immer wieder neue entstehen lässt. Diese sekundären Sprossachsen sind vornehmlich unverzweigt, an Gipfel jedoch lösen sie sich in ein Büschelchen Antheridienähren oder in Kurztriebe mit Perianthien auf, die in den Achseln oder am Ende dieser Kurztriebe stehen.

Die Antheridienstände finden sich s t e t s terminal, n i e intermediär, meist in fächer- oder bündelartiger Anhäufung. Die Brakteen sind s t e t s g a n z r a n d i g mit Ausnahme von Vertretern der *Pseudocucullatae*, wo sie auch wenig randdifferenziert sein können, und bilden eine Folge von 30 Blattpaaren oder noch mehr; die Andeutung eines Cucullums ist häufig anzutreffen. — Im Bau der Perianthien, die sich stets durch eine gezähnte oder ciliierte Mündung auszeichnen, fällt auf, dass kein Kiel ausgebildet wird. Nur die Perianthien von *P. Novae-Guineae* und *P. Saveziana* machen hierin eine Ausnahme.

Eine Ableitung der *Cucullatae* wäre so zu denken, dass man, ausgehend von Arten mit weitzelligen und randgegliederten Blättern wie *P. Kaalaasii* zu *P. blepharophora* übergeht, die die Antheridienstände am Sprossgipfel aber auch intermediär trägt und ausserdem einen umgelegten Ventralrand besitzt, und von da zu solchen Arten, bei denen die Stellung der Ähren bereits fixiert ist, aber noch die dornig gezähnten Brakteen vorkommen. Hierher gehören die *Pseudocucullatae*. Eine weitere Stufe wäre dann der „Erwerb" glattrandiger Brakteen und eine Weiterbildung des nur umgelegten Ventralrandes zu einem echten Cucullum. Mit dieser letzten Entwicklung geht dann auch ein Flächigwerden der Amphigastrien einher.

Trotz Bemühungen kann ich keine brauchbare Gliederung innerhalb der *Cucullatae* vorschlagen. Diese Tatsache spricht für ihre Einheitlichkeit und für die Auffassung, dass wir in dieser Gruppe einen Formenschwarm vor uns haben. Am besten scheint mir eine Einteilung nach der Form des Cucullums zu sein. Es liessen sich da 3 natürliche Gruppen unterscheiden. Zunächst die Formen, bei denen der „Wassersack" nur als hohle Rinne ausgebildet ist. Es wären hierher die Arten der *Pseudocucullatae* zu nehmen. — Die Masse der *Cucullatae* mit auch nach oben geschlossenem Wassersack könnte man in zwei Gruppen scheiden. Einmal in die „*Chauviniana*-Gruppe", wie ich sie nennen möchte, wohin auch *P. Elmeri, Novae-Guineae, densifolia* und sehr viele andere zu nehmen wären, die sich alle auszeichnen durch einen Wassersack, der gewöhnlich lange Wimpern trägt, gross, öfters beinahe kugelig rund ist und seinen gewimperten Rand auf die Lamina auflegt. Der andere Typus wird durch *P. Sandei* repräsentiert. Diese „*Sandei*-Gruppe", der noch *P. Stephanii, clavato-saccata, Rechingeri* u. v. a. hinzuzufügen wären, zeichnet sich durch den Besitz eines unbewehrten oder nur kurz gezähnten Wassersacks aus, der länger gestreckt, mit dem Rand eingerollt und oft beulig ausgebaucht ist.

Die Identifizierung der cucullaten *Plagiochilen* gelingt nicht immer

leicht. Eigentliche Grenzen zwischen gewissen Arten gibt es überhaupt nicht und der Trennungsstrich zwischen gleitend ineinander
übergehenden Formen kann nur ± willkürlich gezogen werden. Ich
glaube, dass der Monograph die Zahl der *Cucullatae* wird um mehrere
Arten beschränken können. — Man könnte bei den *Cucullatae* zu der
Ansicht gelangen, dass wir hier einen noch stark bildungsfähigen
Stoff vor uns haben, der soeben noch in starker Umwandlung und
Entstehung begriffen ist, wenn wir uns Anschauungen von LOESKE
(22) zu eigen machen. (Abb. 2. 12; — 5*a* und *b*; — 10*a*, d und *e*).

Subsektion 1. *Eucucullatae.* Es ist stets ein deutliches Cucullum
vorhanden. Die Brakteen der terminal und büschelig gehäuft stehenden Antheridienähren sind stets ganzrandig. Das Amphigastrium ist
meist von ansehnlicher Grösse.

+1. **P. siamensis** St., Spec. Hep., Vol. II, p. 400.

+2. **P. Didrichsenii** St., Spec. Hep., Vol. II, p. 398.

3. **P. mutabilis** De Not., Mem. Acad. real. Tor., 1874, p. 15.

Untersucht: Borneo, Lampmann n. 24; — Westborneo, H.
Winkler n. 3 321 (f. *largistipula* Hzg.).

Auf dem Cucullum treten häufig flächenbürtige Wimpern auf.

+4. **P. simillima** St., Spec. Hep., Vol. VI, p. 208.

+5. **P. perakensis** St., Spec. Hep., Vol. VI, p. 198.

6. **P. lobulata** Schffn., Acad. Vindob., 1900, p. 191.

Untersucht: Java, Idjenplateau, Fleischer, n. 35; — Java, Schiffner, It. Ind. n. 1 130 (var. *longidens* Schffn.).

Es sind grosse zerschlitzte Amphigastrien vorhanden, die auf der
dem Stengel zugekehrten Seite häufig noch kielartige, lange Wimpern
tragende flächige Auswüchse besitzen. — Führt vielleicht zu *P. bantamensis* über!

7. **P. Modigliani** St., Spec. Hep., Vol. II, p. 399.

Untersucht: Java, M. Fleischer.

+8. **P. Meyeniana** St., Spec. Hep., Vol. II, p. 395.

+9. **P. Novae-Guineae** Sande-Lac., Ann. Mus. Lugd. Bot.,
1863/64.

+10. **P. Elmeri** St., Spec. Hep., Vol. VI, p. 150.

11. **P. Chauviniana** Mont., Sylloge, 1856, p. 57.

P. aurita Schffn., Exped. d. Gazelle, 1889, p. 6.

Untersucht: Deutsch-Neu-Guinea, Blum, n. 129.

12. **P. densifolia** Sande-Lac., Ann. Mus. Lugd. Bot., 1863/64.

Untersucht: Mindanao austr., Warburg (1888).

+13. **P. nicobarensis** Rchdt., Exped. Novarae 1870.

14. **P. auriculata** Mitten, in Seemann, Flora vitiensis, p. 407.
Untersucht: Samoa, Upolu, C. et L. Rechinger.

15. **P. bantamensis** Nees, Dum. Rec. d'obs., p. 15.
Jung. Nees, Nova Acta XII, 1824, p. 235.
Untersucht: Java, Verdoorn n. 772, 742, 768b, 397, 3 458; n. 1 281
(f. *minor*); — Java, Tjibodas, Renner n. 50.

16. **P. media** Schffn., Acad. Vindob., 1900, p. 192.
Untersucht: Sumatra occ., Schiffner, It. Ind. n. 1 135; — Java,
Schiffner, It. Ind. n. 1 138 (var. *pauciciliata* Schffn.).

17. **P. parvisacculata** St., Spec. Hep., Vol. II, p. 388.
Untersucht: Engano, Modigliani.

Eine gut kenntliche Art! Es ist nur ein ganz kleines Cucullum entwickelt. Der Spross endigt in einer einzigen ♂ Ähre.

+18. **P. renistipula** St., Spec. Hep., Vol. II, p. 385.

19. **P. vesiculosa** Herzog, Beih. Bot. Centralbl., Bd. 38 (1921),
Abt. II, p. 330.
Untersucht: Malakka, E. Werner.

+20. **P. Everettiana** St., Spec. Hep., Vol. II, p. 384.

+21. **P. Micholitzii** St., Spec. Hep., Vol. II, p. 393.

+22. **P. longistipula** St., Spec. Hep., Vol. II, p. 397.

+23. **P. Saveziana** St., Spec. Hep., Vol. VI, p. 211.

+24. **P. vanikorensis** St., Spec. Hep., Vol. II, p. 398.

+25. **P. estipulata** St., Spec. Hep., Vol. II, p. 401.

+26. **P. tortifolia** St., Spec. Hep., Vol. VI, p. 230.

27. **P. Sandei** Dozy, Nederl. Kruidk. Arch., IV, p. 92.
Untersucht: Java, Tjibodas, Goebel; — Java, Burgeff, n. 8 140; —
Java, Renner n. 2, 25 und 33; — Philippinen, Baker n. 7 076; —
Westborneo, H. Winkler n. 3 352 (var. *borneensis* Hzg.); — Java,
Fleischer n. 47 (var. *speciosa* Hzg.), im München er Herbar unter *P.
altecristata.*

Das Cucullum kann glattrandig oder auch mit kurzen Zähnen versehen sein. Seine Form ist ganz charakteristisch, es ist nämlich in der
Mitte etwas eingeschnürt. Noch viel bezeichnender für diese Art sind
die verzweigten Wimpern am dorsalen Blattrand. Auch die Involukralblätter besitzen diesen umgeschlagenen, verzweigt-wimprigen
Vorderrand. — Die Blattzähne sind oft deutlich abwechselnd gross

und klein. — *P. Sandei* ist die schönste *Plagiochila*, die ich kenne. Nach Mitteilung von Herrn Prof. O. RENNER gehört sie im javanischen Urwald zu den auffallendsten Lebermoosen.

+28. **P. Stephanii** Schffn., Acad. Vindob., 1900, p. 190.

+29. **P. miokensis** St., Spec. Hep., Vol. II, p. 396.

30. **P. clavato-saccata** St., Spec. Hep., Vol. II, p. 397.

Untersucht: Sumatra, Micholitz, Herb. Steph. — Die im Münchener Herbar liegenden Exemplare haben mit der auf der Konvolutaufschrift angegebenen *P. sumatrana* nichts zu tun. *P. sumatrana* zeichnet sich nicht einmal durch den Besitz eines Cucullums aus!

+31. **P. Rechingeri** St., Spec. Hep., Vol. VI, p. 206.

+32. **P. longispica** Mitten, in Seemann, Fl. Vit., p. 407.

P. sacculata Jack et St., Bot. Centr. Blatt, 1894, p. 3.

+33. **P. Goethartiana** Schffn., Acad. Vindob., 1900, p. 192.

34. **P. integrilobula** Schffn., Acad. Vindob., 1900, p. 193.

Untersucht: Mindanao, Davao, Warburg (var. *brevidentata* Schffn.)

35. **P. radians** Herzog, Ann. Bryol., Vol. IV, 1931, p. 80.

Untersucht: Luzon, Baker n. 7 086a (Orig.).

Der verschiedene Ausbildungsgrad der Cuculla an den Blättern der Stolonen ist als morphologische Besonderheit hervorzuheben. Wir haben neben Blättern mit keinen solche mit sehr wohl ausgebildeten Wassersäcken und alle Übergangsstadien.

Subsektion 2. *Pseudocucullatae.* Es ist kein ausgesprochener Wassersack vorhanden, dafür aber der basale Ventralrand rinnig nach aussen umgeschlagen. ♂ Ähren stehen zu mehreren terminal. Keine Art besitzt grosse flächige Amphigastrien. Ganzrandige Brakteen sind noch nicht durchweg vorhanden. Von *P. Kuhliana*, die stark dornig gezähnte Brakteen besitzt, kommen wir über *P. nubila* und *Nymannii*, die neben glattrandigen auch leicht gezähnte Hochblätter besitzen, zu Arten wie *P. Kaernbachii* und *spinosa-ciliata*, wo diese Blätter stets ganzrandig sind. Bei *P. blepharophora* als einziger Art stehen die ♂ Gametangien terminal u n d intermediär. Wir können sie als Übergangstyp ansprechen.

1. **P. Kuhliana** Sande-Lac., Ann. Mus. Lugd. Bot., 1863/64, p. 292.

Untersucht: Java, Schiffner, It. Ind. n. 1 114; — Java, Verdoorn n. 3 299.

+2. **P. Seemannii** Mitten, in Seemann, Fl. Vit., p. 408.

+3. **P. Robinsonii** St., Spec. Hep., Vol. II, p. 396.

+4. **P. nubila** St., Spec. Hep., Vol. II, p. 387.

+5. **P. amboinensis** Taylor, Journ. of Bot., 1846, p. 260.

+6. **P. Kaernbachii** St., Spec. Hep., Vol. II, p. 383.

7. **P. spinoso-ciliata** St., Spec. Hep., Vol. II, p. 388.
Untersucht: Deutsch-Neu-Guinea, G. Eiffert n. 99.

8. **P. Nymannii** St., Spec. Hep., Vol. VI, p. 186.
Untersucht: Neu-Guinea, Nymann (Orig.).

9. **P. blepharophora** (Nees.), Ldbg., Spec. Hep., p. 107.

Jung. Nees, Enum. Pl. crypt. jav. I, p. 71; — *P. denticulata* Mitten, Proc. Linn. Soc., Vol. 5, p. 95.

Untersucht: Java, Schiffner, It. Ind. n. 694; — Neu-Guinea, Eiffert n. 90; — Java, Verdoorn n. 2 929.

SEKTION PECULIARES

SCHIFFNER hat in seiner Gliederung (34) *P. peculiaris* zu einer eigenen Sektion „*Peculiares*" erhoben. DUGAS weist nur mit einer kurzen Notiz auf die Eigenart der Zellstruktur bei *P. peculiaris* hin, ohne diesen besonderen Typus als streng isoliertes Gattungselement irgendwie kenntlich zu machen.

Das eigenartige Zellnetz, das, soweit sich an Hand der bekannten Diagnosen feststellen liess, sich lediglich auf die drei dieser Sektion zugerechneten Arten beschränkt, zeichnet sich einmal durch die Form der Zellen, vor allem aber durch die Art der Verdickung aus. Es ist S. 30 näher beschrieben worden. Man wird im Zweifel sein, ob es die Abtrennung eines Subgenus rechtfertigt. Es steht aber sicher fest, dass wir hierin ein sehr altes Organisationsmerkmal vor uns haben, das wohl durch keine Biomorphose erreicht worden sein kann. — Es erübrigt sich fast, für die *Peculiares*, die schon allein durch das Zellnetz zur Genüge charakterisiert sind, weitere Übereinstimmungen anderer Artmerkmale anzuführen. Gemeinsam ist die einseitswendige Beblätterung, es sind etwas herabgekrümmte, leicht hohle, randgegliederte Blätter vorhanden. Rudimentäre Amphigastrien, die in der Region des ♀ Gametangiums keine Besonderheiten zeigen, lassen sich feststellen. Die Perianthien sind kiellos. Leider sind von keiner Art ♂ Organe bekannt. Vielleicht finden sich hier besondere Verhältnisse vor, die die *Peculiares* weiter von den anderen Sektionen entfernen. Wie grosser systematischer Wert nun auch dem Zellnetz zuzumessen ist, so kann ich mich doch nur auf Grund dieses einen Merkmals zur Aufstellung eines Subgenus nicht entschliessen. (Abb. 4*f*).

1. **P. crassitexta** St., Spec. Hep., Vol. II, p. 359.

Untersucht: China, Sin et Whang.

STEPHANI gibt in seiner Diagnose über die Zellen an: „cellulae apicales 18 × 27 μ parietibus flexuosis, trigonis optime nodulosis longe in lumen cellulae productis, saepe oppositis vel unilateralibus ut in *Frullaniis*". Eine bessere Charakteristik über die Zellverhältnisse unserer Sektion lässt sich kaum geben! Im Blattzuschnitt wie in der Randbewehrung nähert sich diese Art der *P. philippinensis*, von der sie sich aber durch den etwas herabgezogenen dorsalen Blattrand gut unterscheidet.

2. **P. philippinensis** St., Spec. Hep., Vol. II, p. 330.

Untersucht: Philippinen, Burgeff, n. 8 007c.

3. **P. peculiaris** Schffn., Acad. Vindob., 1900, p. 186.

Untersucht: Sumatra occ., Schiffner, It. Ind. n. 1 102.

Diese stattliche Pflanze besitzt einen öl- oder fettartigen Glanz, wie er auch bei den „gelackten" Pflanzen der chilenischen *Chilenses*-Gruppe sich wiederfindet. — Das Amphigastrium besteht aus vielen an der Basis verbundenen kurzen Zellfäden, die in ihrer Gesamtheit sich halbkugelig auf die Sprossachse zuwölben.

SEKTION ZONATAE

Wenn sich unter den einseitswendigen *Plagiochilen* Amerikas die *Arrectae* durch ihren Blattzuschnitt sofort aufweisen, sind die *Zonatae*, ihre Gegenspieler in der Paläotropis, leicht an ihrem Zellnetz zu erkennen. Das Zellnetz ist nämlich auffallend dicht. Die rundlichen Apikalzellen erreichen höchstens 15 × 15 μ und können in der Grösse bis auf 9 oder 10 μ heruntergehen. Sie sind dickwandig und lassen in den Ecken Verdickungen nur undeutlich erkennen (Ausn. *P. nidulans*). Am Basalteil ist eine Vitta vorhanden, ein gewöhnlich seitlich, weniger gut nach der Blattspitze zu abgegrenzter Bezirk von sehr langgestreckten Zellen mit gleichmässig starker Wandverdickung. Bei den *Zonatae* ist sie eines der wichtigsten Merkmale.

Das englumige Zellnetz taucht bei gewissen Arten der Antarktis wieder auf, die bemerkenswerterweise meistens eine ähnliche, einseitswendige Beblätterung haben. Es muss betont werden, dass im tropischen Amerika der Zellnetztypus der *Zonatae* wohl überhaupt nicht vorkommt, obwohl wir verschiedene, ähnlich beblätterte For-

menkreise kennen. Gewisse Arten der *Arrectae* würden z.B. in Blattform und -stellung an manche *Zonatae* erinnern können. —

Ein sonst bei *Plagiochilen* seltenes Merkmal habe ich bei fast allen
Zonatae angetroffen, eine reichliche Rhizoidbildung auf der Stämmchenunterseite. Ich kenne keine andere Verwandtschaftsgruppe, wo
Rhizoiden fast durchgehend anzutreffen wären. Diese Eigenschaft
taucht vielmehr nur hier und dort bei einzelnen Arten auf. — Auch
die Stellung der Blätter am Spross schliesst die *Zonatae* zu einer en-
gen Gruppe zusammen. Die Stämmchen sind einseitswendig beblättert, die Blätter dabei stark hohl und mit umgelegtem Dorsalrand versehen. Vertreter der Subsektion 2 haben beinahe drehrunde Sprösschen. Die Blattstellung ist der der *Renitentes* recht ähnlich, die habituelle Übereinstimmung mancher Vertreter beider Gruppen über-
raschend. Trotzdem sind beide Sektionen durch das verschiedene
Zellnetz vor allem leicht auseinander zu halten. — Unsere Pflanzen
sind nicht oder nur wenig verzweigt. Die Perianthien werden von
einem einzigen Innovationsspross zur Seite gedrängt und können
dann zu mehreren übereinander pseudolateral an der Sprossachse
stehen. — Die nur von zwei Arten bekannten ♂ Stände werden als
intermediär stehend beschrieben. Übereinstimmend sind bei allen
Arten sehr grosse, mit mehr als der halben Länge die Involukralblätter überragende, flügellose, verlängert-glockige Perianthien anzutreffen.

Vielleicht haben *P. spinosissima* und *pseudorenitens* (Unters. Bhutan, Schiffner, n. 172) zu den *Zonatae* Beziehung. *P. hirticaulis* und
brunneo-viridis, bei denen keine Vitta angegeben wird, könnten einen
besonderen Typus repräsentieren. Auch die fiederige Verzweigung
der beiden Arten deutet auf eine andere Verwandtschaft hin. Die *Zonatae* sind nie fiederförmig verzweigt. (Abb. 2.7; — 4c; — 10g).

Subsektion 1. Die Pflanzen sind recht stattlich und haben breit
ovalen bis eiförmigen Blattumriss mit einer bis zur Mitte des Dorsalrandes herabreichenden Blattzähnung.

1. **P. semidecurrens** L. et L., Spec. Hep., 1844, p. 142.

P. Kamuensis Taylor, J. of Bot., 1846, p. 262; — *Jung.* L. et L.,
Pugill. IV, p. 21.

Untersucht: Yünnan, A. V. Gebauer, n. 5; — Yünnan, Handel-
Mazzetti n. 8 021 (n. var. *undulata* Carl; zeichnet sich durch einen
welligen Blattrand aus).

2. **P. longicalyx** St., Spec. Hep., Vol. II, p. 336.

Untersucht: Sikkim, Decoly et Schaul.

3. **P. inermis** Schiffner in herb.

Untersucht: Sikkim-Himalaya, Decoly et Schaul.

Vielleicht wird man diese Pflanze wegen ihrer steifen und spitzen Blattzähne innerhalb der Subsektion noch als etwas Besonderes ansprechen müssen.

Subsektion 2. Die Pflanzen sind kleinwüchsiger, die Blätter zumeist geringer gezähnt und rundlich.

1. **P. zonata** St., Mem. Soc. Sc. nat. Cherbourg, Vol. 29, p. 225.

Untersucht: China, Yünnan, Delavay (Orig.); — Setschwan, Handel-Mazzetti n. 2 384.

2. **P. Handelii** Herzog, Symbolae sinicae, V. Teil, Wien 1930, p. 9.

Untersucht: Yünnan, Handel-Mazzetti, n. 3 162; — Setschwan, Handel-Mazzetti n. 7 362d (Orig.).

HERZOG (l.c.) bemerkt hierzu, dass diese eng mit *P. zonata* verwandte Pflanze sich von dieser nur durch schmälere Blätter unterscheide. Wahrscheinlich sind beide Arten überhaupt identisch.

3. **P. yünnanensis** St., Mem. Soc. Sc. nat., Cherbourg, Vol. 29, p. 225.

Untersucht: China, Yünnan, Delavay (Orig.).

+4. **P. Biondiana** Mass., Hep. chin. Acad. Verona III, Vol. 73, 1897, p. 5.

+5. **P. denticulata** Mitten, Proc. Linn. Soc., 1861, p. 95.

6. **P. nidulans** Herzog, Ann. Bryol., Bd. V, 1932.

Untersucht: Java, Burgeff n. 8 015.

Das Zellnetz entfernt sich etwas vom Typus und erinnert an das der *Peculiares*.

SEKTION ABIETINAE

Dieser sehr natürliche Artenkreis wird auch von SCHIFFNER und STEPHANI als solcher kenntlich gemacht, wärend DUGAS diese Gruppe, die zu den besten der Gattung gehört, unnatürlich zerreisst. — Schon habituell sind die *Abietinae* an der schönen, fiederästigen Verzweigung zu erkennen. Die nach beiden Sprossflanken gleichmässig gerichteten Seitenzweige bleiben recht kurz und verzweigen sich nur selten. Sie stehen steif vom Stämmchen ab und sind nicht herabgekrümmt wie die Fiederäste von *P. dura*, die auch mit unserer Sektion kaum verwandt sein dürfte. Freilich sind auch bei den *Abietinae* die Blätter wie dort klein und dicht stehend, aber sie sind zum Stämmchen etwas anders orientiert. — Sie sind deutlich einseitswendig und haben einen breit und lang umgeschlagenen Dorsalrand. Hierin erinnern sie an manche *Zonatae*. — Die Farbe der Pflanzen ist recht dunkel, bräunlich- oder olivgrün, die der im Vergleich zu den Blättern recht kräftigen Sprossachsen beinahe schwarz. — Die Blätter sind stark randgegliedert, entweder mit scharfen, kürzeren Dornen oder mit gegen die Ventralbasis zu schlafferen, beinahe wimprigen Zähnen besetzt. — Das derbe, dicht mit Inhalt erfüllte Zellnetz hat knotige Eckverdickungen und neigt zur Ausbildung einer Vitta. — Antheridienstände fand ich nur an den Fiederästchen, sie sind gewöhnlich terminal stehend, hin und wieder vegetativ kurz weiterwachsend, aber auch gelegentlich von einem im ♂ Stand endogen entstehenden kurzen Sprösschen übergipfelt. Die Perianthien stehen ebenfalls terminal an den Seitenzweigen. — Die Arten sind leicht an der Blattform und -gliederung, sowie der Perianthmündung auseinanderzuhalten. Eine Verwechslung mit Vertretern anderer auch einseitswendig beblätterter Formenkreise ist ausgeschlossen. (Abb. 10*b* und *f*).

1. **P. abietina** (Nees) Ldbg., Spec. Hep., p. 134.

Jung. Nees, Hep. Javan., p. 76.

Untersucht: Java, Schiffner, It. Ind. n. 664; — Java, Gede, Renner n. 75; — Mindanao, Warburg (1888) unter dem Namen *P. Bouthainensis* Schffn. Diese Art besitzt die gleichen Paraphyllien wie *P. abietina*. Sie könnte aber wegen der etwas umgeschlagenen Ventralbasen eine besondere Varietät darstellen.

2. **P. Gedeana** Schffn., Acad. Vindob., 1900, p. 181.

Untersucht: Java, Schiffner, It. Ind. n. 1 028.

Die Amphigastrien bestehen hier wie bei den anderen *Abietinae* aus einigen mehrzelligen Fäden, die jeweils in eine Schleimpapille auslaufen.

3. **P. monticola** Schffn., Acad. Vindob., 1900, p. 181.

Untersucht: Java, Schiffner, It. Ind. n. 1 033; — Java, Burgeff, n. 8 142d. (als *P. abietina* var. *Hampeana*; diese Pflanze wurde bisher als paraphyllienlose Varietät zu *P. abietina* gestellt. Wenn sich schon meine Auffassung über den systematischen Wert des Paraphyllienkleides von *P. abietina* nicht damit verträgt, so zeigen deutlich das abweichende, hier stark knotig verdickte Zellnetz wie die kleinen Blattzähne, dass diese Pflanze nicht zu *P. abietina* gehören kann. Sie ist in den Formenkreis von *P. monticola* zu nehmen).

SEKTION ASPLENIOIDES

Die drei dieser Sektion zugehörenden Arten besitzen rundliche, ± einseitswendige Blätter mit oft umgeschlagenem Dorsalrand. Der Blattrand ist kurz gezähnt oder auch glatt. — *P. Delavayi* und *asplenioides* sind sehr formenreich. Sie sind sicher miteinander verwandt. Vielleicht könnte man die chinesische Art als geographische Rasse unserer kosmopolitischen *P. asplenioides* ansehen? Freilich bleibt sie trotzdem eine gut unterschiedene Varietät. Es gibt deutliche Unterschiede im Perianthbau und in der Blattstellung, während Blattform und Zellnetzcharakter durchaus übereinstimmen.

1. **P. asplenioides** (L.), Dum., Rec. d'obs., p. 14.

Jung. L., Sp. Pl. II; — *P. nodosa* Taylor, J. of Bot., 1846, p. 268; — *P. porelloides* (Torrey) Ldbg., Spec. Hep., p. 61.

Untersucht: Viele Proben von verschiedenen Fundorten in Thüringen.

Über die vielen Formen dieser polymorphen einheimischen Art muss ich mit MÜLLER (27) sagen, dass eine fortlaufende Formenreihe vorhanden ist, die keiner Gruppierung gut standhält. Nur von der var. *maior* habe ich keine Übergänge zum Typus gefunden. Es fragt sich nämlich, ob wir in dieser Varietät, die eine üppig entwickelte Form feuchter Standorte darstellt, nicht gar eine selbständige Art, erblicken könnten. Exemplare der var. *maior*, die zwar auf feuchtem aber sehr schlechtem, felsigem Standort gefunden wurden, kamen nicht dem Typus der *P. asplenioides* näher, sondern besassen trotz des herabgesetzten Längenwachstums durchaus die Blattgrösse und den Habitus der „Varietät". Vielleicht könnte man annehmen, dass wir in der üppigen Form eine polyploide *P. asplenioides* vor uns haben. Eine nach der HEITZ-schen [1]) Kochmethode angestellte Chromosomenuntersuchung brachte mir leider kein klares Ergebnis. — Die var. *porelloides* ist dagegen nicht übergangsfrei vom Typus geschieden. Interessant ist es, dass in einer Kultur Sprosse mit ganzrandigen

---

[1]) HEITZ, E., Das Heterochromatin der Moose I. Jahrb. f. wiss. Bot., Bd. 69, p. 762.

Blättern Zuwachszonen mit gezähnten Blättern bekamen, wie denn auch gelegentlich an den Blättern der var. *porelloides* einzelne Zähnchen auftreten können.

2. **P. Delavayi** St., Mem. Soc. nat. Cherbourg, Vol. 29, p. 224.
Untersucht: Yünnan. Handel-Mazzetti n. 4 666, 4 745, 6 537, 7 133; — n. 8 092 (var. *integra* Mass.).

3. **P. pulvinata** St., Spec. Hep., Vol. II, p. 330.
Untersucht: Neu-Guinea, Musgrave, Gregor.
Vielleicht gehört auch diese Art hierher.

SEKTION NOBILES

„Eines der prachtvollsten Lebermoose; mit keiner anderen Art zu verwechseln", schreibt SCHIFFNER von *P. nobilis*. — Schon das Zellnetz zeigt die isolierte.Stellung. Wir haben sehr dünne Wände ohne irgendwelche anguläre Verdickung. Dazu kommt die entfernte Stellung der zweizeilig ausgebreiteten Blätter, die verlängert-halbeiförmig, basal keilartig verschmälert, äusserst schmal inseriert sind usw. Die Androeceen stehen zu mehreren am Gipfel des Sprosses. Aber eine nähere Verwandtschaft mit den *Cucullatae* und verwandten Sektionen (auch auf Grund des Zellnetzes) anzunehmen, verbietet die Blattgliederung. Wir finden an der oberen Blatthälfte spitze Zähne. (Abb. 10*i* und *k*).

P. Beccariana, die SCHIFFNER mit *P. nobilis* zu einem Typus zusammennimmt, hat deutliche Eckverdickungen und ganz anders gestaltete Blätter. — *P. palmiformis* kommt den *Nobiles* recht nahe, was Blattzuschnitt und Zellnetz angeht. Vielleicht gehört sie auch hierher.

1. **P. nobilis** G., Bot. Ztg., 1857, p. 37.
Untersucht: Java, Schiffner, It. Ind. n. 1 044; — Java, Renner n. 11, 36a, 235; — Java, Verdoorn n. 150 und 185.

2. **P. Kurzii** St., Spec. Hep., Vol. II, p. 292.
Untersucht: Java, Pangerango, Kurz n. 438 (Orig.).
Diese Pflanze könnte als kleinwüchsige Varietät zu *P. nobilis* genommen werden, der sie in jeder Hinsicht recht nahe kommt.

SEKTION SUBTROPICAE

Kaum irgend eine Artengruppe unserer Gattung ist durch den Zuschnitt und vor allem den Randschmuck der Blätter besser charakterisiert als diese Sektion. Haben wir schon bei den *Latifoliae* ventral-wärts weit ausladende Blätter, bei denen aber das ventrale Ohr nicht abgesetzt ist, so bedeuten die *Subtropicae*, die im Himalaya zu Hause sind, eine weitere Steigerung. Der breit ablaufende Dorsalrand, die gerade abgestutzte Spitze, die gewaltige Basalerweiterung führen zu einer eigenartigen Blattform, die ihren bizarren Charakter erst voll-ends durch die eigentümliche Randgliederung bekommt. Die haarför-mig ausgezogenen, stark und verschieden gekrümmt und gewunde-nen, ja selbst korkzieherähnlich gedrehten Randwimpern dürften sonst nicht wieder anzutreffen sein. — Es erübrigt sich fast, auf andere Merkmale, wie die dicht stehenden Blätter, das ziemlich weite, stark eckverdickte Zellnetz usw. hinzuweisen.

Vielleicht gibt es einen vikariierenden Formenkreis in der mittle-ren Indomalaya, in den dann *P. Treubii, paschalis* und *peradenyensis* zu nehmen wären. Allerdings ist diese Gruppe durch kleinere Zellen und kürzere Wimpern gut unterschieden. (Abb. 2.12; — 3e; — 10e).

1. **P. subtropica** St., Spec. Hep., Vol. II, p. 360.

Untersucht: Khasya Hills, Garden Collectors n. 931.

2. **P. Determesii** St., Spec. Hep., Vol. II, p. 361.

Untersucht: Sikkim, Decoly et Schaul (als *P. Gammiana* var. *cilia-tissima* im Herbar München); — China, Yünnan, Henry n. 9 194 p.p.

SEKTION KAALAASII

Das durchsichtige, zarte Zellnetz der *Cucullatae* taucht in zwei anderen Sektionen wieder auf, den *Acanthophyllae* und *Kaalaasii*. Dass diese drei Formenkreise miteinander verwandt sind, darüber besteht wohl kein Zweifel. A. a. O. (S. 148) ist noch darauf eingegan-gen. Wenn ihre Grenzen näher gefasst sind, dürfte es sich sogar empfeh-len, diese Artengruppen, die jetzt noch getrennt als Sektionen neben-einander aufgeführt werden, zu einem grösseren Verband zusammen zu schliessen. — Zu dem ausgezeichneten Zellnetzmerkmal und der spärlichen oder fehlenden Verzweigung kämen die flach zweizeiligen, sehr oft gewimperten Blätter, die Tendenz zur Wassersackbildung, zum Flächigwerden des Amphigastriums, zur terminalen bündeligen Stellung der Antheridienäste usw.

Wenn bei den *Pseudocucullatae* ein rinniges „Cucullum" neben stets terminalen Antheridienständen ausgebildet ist, findet sich bei den *Kaalaasii* auch nicht die Andeutung eines solchen und die An-

droeceen beschliessen nicht durchgängig den Spross. In der Blattform bestehen gewisse Unterschiede, bezeichnend für die *Kaalaasii*
ist, dass der untere Ventralrand in der Gliederung hervorgehoben ist.
— Amphigastrien sind nicht flächig ausgebildet.

Eine klare Trennung von den *Acanthophyllae* ermöglicht die Form,
der ± deutlich zweilappige Apikalteil und die breite Insertion der
Blätter dieser Sektion. Verwechslungen mit der zarten *P. singularis*,
die ein ähnliches Zellnetz, aber Kutikularstruktur besitzt, sind erst
recht nicht möglich. — Interessant ist eine Bemerkung, die STEPHANI
im Anschluss an die afrikanischen *P. camerunensis* und *Boivini*
macht. Er hält diese Arten, die kein Auriculum haben, für verwandt
mit den unter seinen *Cucullatae* angeführten Species ohne Cucullum.
(Die Arten unserer Sektion sind von STEPHANI bei seinen *Cucullatae*
untergebracht worden.)

+1. **P. Kaalaasii** St., Spec. Hep., Vol. II, p. 386.

+2. **P. Novo-Hannoverana** Schffn., Exped. Gazelle IV, p. 3
(Sept. Abdr.).

3. **P. pluma** St., Spec. Hep., Vol. II, p. 390.

Untersucht: Neu-Guinea, Zahn.

Diese Art stellt einen besonderen Typus dar, da das Blatt ringsum
bewimpert ist, während die anderen Vertreter einen glatten Dorsalrand haben. — Eine besondere Erwähnung muss das Vorkommen
von Brutorganen erfahren, in einer für die Gattung ungewöhnlichen
und seltenen Form. — STEPHANI's Bemerkung „amphigastria nulla''
kann ich nicht bestätigen.

+4. **P. Ledermannii** St.in Icon.

SEKTION ACANTHOPHYLLAE

Schon allein die Blattform bestimmt die 11 dieser Sektion zugehörenden Arten. Die Blätter haben meist etwa eiförmige, oft gedrun-
gene Gestalt. Das am Apikalende meist schräg abgestutzte Blatt
verbreitert sich beiderseits nach der Basis zu recht bedeutend, sodass die Blätter mit sehr breiter Insertion der Achse aufsitzen, ohne
am Stengel sehr herabzulaufen. In der Blattgliederung stimmen die
Acanthophyllae darin überein, dass am Apikalende fast stets zwei in
der Grösse hervorgehobene, aus breiterem Grunde sich erhebende
Lacinien vorhanden sind, zwischen die noch kleinere Zähne sich ein-
schieben können. Der Dorsalrand, der gerade, aber auch gebogen

sein kann, trägt nur höchstens bis zur Hälfte einige wimperartige Blattzähne, während sein basaler Teil völlig glatt ist. Der Ventralrand dagegen kann bis in die Nähe der Insertion einige wenige cilienähnliche Zähne besitzen, die in der Regel wie an der Spitze auch aus mehreren Zellen breitem Grunde sich erhebend in eine längere Zellreihe übergehen. Mit Hilfe des ± deutlich zweispitzigen apikalen Blattes können wir von den *Acanthophyllae* klar die *Kaalaasii* scheiden, die apikal viel weniger stark gegliedert sind. Beide Sektionen besitzen das zarte, apikal isodiametrische Zellnetz. Die Grösse der Apikalzellen bleibt etwas unter 30 µ. — Die Blätter stehen flach zweizeilig ausgebreitet, gewöhnlich sich berührend, selten sich weiter überdeckend. — Die Farbe des Rasens und der Pflanzen im feuchten Zustand ist gewöhnlich goldgelb bis bräunlichgelb. — Die Pflanzen sind nicht oder nur spärlich verzweigt. Nur von einer Art, *P. Sockawana*, gibt STEPHANI fiederige bis bäumchenähnliche Verzweigung an und auch eine bemerkenswerte Varietät von *P. acanthophylla* zeigt Fiederung. — Die Perianthien, die eines Dorsalflügels entbehren, besitzen wohl alle eine in lanzettliche Lacinien aufgeteilte Mündung. — Als interessanter Typus muss *P. ciliata* herausgestellt werden. Während nämlich die anderen Arten dornig gezähnte Brakteen besitzen, hat *P. ciliata* ganzrandige Hochblätter. Es ist also auch bereits in dieser Gruppe ein „Anlauf" zu einer Entwicklungsrichtung vorhanden, wie sie bei den *Cucullatae* angetroffen wird. Beide Sektionen sind wohl auch phylogenetisch verknüpft. (Abb. 6*a*; — 10*c* und *e*).

1. **P. acanthophylla** G., Bot. Ztg., 1858, p. 38.

Untersucht: Java, Renner n. 16*a*, 27, 28, 29 ;— Java, Schiffner n. 726; — Celebes, Bouthain, Fruhstorfer (unter dem Namen *P. ciliatifolia* Schffn. in herb.); — Java, Renner n. 41*a* und Burgeff n. 8 008*a* (var. *pluriliciniata* Hzg.).

2. **P. Sockawana** St., Spec. Hep., Vol. II, p. 300.

Untersucht: Java, Tjibodas, Renner n. 4; — Java, Verdoorn n. 206.

Diese Art ist mit der vorhergehenden recht nahe verwandt, unterscheidet sich aber von ihr durch die abweichende Verzweigung und die etwas breiteren Blätter.

3. **P. sciophila** Nees, in Ldbg., Spec. Hep., p. 100.

P. tenuis Mitten (non Ldbg.) in Proc. Linn. Soc. V, p. 94.

Untersucht: Tokyo, Herb. Miyake, n. 1.

4. **P. chiloscyphoidea** St., Spec. Hep., Vol. II, p. 301.

Untersucht: Sikkim-Himalaya, Rev. Bretaudeau.

5. **P. euryphyllon** Carl n. sp. in herb.

P. chinensis Schiffner in herb.

Untersucht: China, Futschan, Warburg.

SCHIFFNER bemerkt zur Charakterisierung auf dem Konvolut: „Ist sehr nahe verwandt mit *P. sciophila*, ist aber grösser, stärker, nicht so schlaff, dichter beblättert, Cilien der Blätter viel länger, ihre einzelreihige Spitze gewöhnlich 6 Zellen lang."

6. **P. subpropinqua** Schiffner in herb.

Untersucht: Sikkim, Decoly et Schaul.

Diese Art ist insofern interessant, als sich hier die Ventralbasis des Blattes schwach nach aussen umlegt, was wir dann bei den *Pseudocucullatae* viel ausgeprägter vorfinden.

+7. **P. longicilia** St., Spec. Hep., Vol. II, p. 295.

+8. **P. ciliata** G., Ann. sc. nat., 1857, p. 334.

Ob diese Art als Miniaturform der *Acanthophyllae* gelten kann ?

+9. **P. tonkinensis** St., Spec. Hep., Vol. VI, p. 232.

+10. **P. quadriseta** St., Spec. Hep., Vol. VI, p. 201.

+11. **P. Berkeleyana** St., Spec. Hep., Vol. VI, p. 129.

SEKTION VILLOSAE

Die Arten dieser Sektion stellen eine schöne, abgeschlossene Gruppe dar. Einige Species hat auch SCHIFFNER in seiner „Flora von Buitenzorg" als nahe verwandt bezeichnet, ohne sie allerdings von seinen „*Dentatae*" zu isolieren.

Bezeichnend für die breit eiförmig-dreieckigen Blätter, die flach ausgebreitet sind und einander weit überdecken, ist die sehr weit halbkreisförmig vorgewölbte Ventralbasis, so dass es zur Ausbildung einer Crista kommen kann. Die Länge der Insertion erreicht kaum die halbe Blattbreite. Charakteristisch ist auch die fast ganz r i n g s- u m verlaufende Zähnung. Die Zähne können ab und zu gekrümmt sein. — Die stattlichen Pflanzen sind nur wenig oder überhaupt nicht verzweigt. — Die Perianthien tragen einen breiten dorsalen, gezähnten oder ciliierten Flügel. Die Mündung ist dicht und lang dornig-wimprig bewehrt. Antheridienstände sind nur von *P. Gottschei* bekannt und werden als intermediär angegeben. — Das Zellnetz zeichnet sich durch sehr starke Verdickungen aus. Die am Apikalende noch dreieckigen Eckverdickungen werden nach der Basis zu grossknotig und trabekulat. Bei 3 Arten, *P. Gottschei, villosa* und *obtusa* treten blattbürtige Brutsprösschen auf. — Es lassen sich die Arten unterscheiden danach, ob die Blattzähnung bis zur Insertion reicht oder nicht oder auch nach dem Ausbildungsgrad der Amphigastrien. (Abb. 2.5).

1. **P. villosa** St., Spec. Hep., Vol. VI, p. 239.

Untersucht: Java, Tjibodas, Renner, n .1 und 16; — Java, Salak, Fleischer n. 43a; — Luzon, Micholitz, Herb. St., im Münchener Herbar unter dem Namen *P. densifolia*.

Diese Art, die sich durch sehr stark aufgeteilte und besonders ausgebildete Amphigastrien auszeichnet, besitzt wie auch *P. obtusa* als weitere Besonderheit flächenständige Blattwimpern. — Die Floralregion zeigt ein breit-glockiges Perianth mit einem sehr breiten dorsalen Flügel, der ebenso wie die Mündung mit gebogenen Wimpern besetzt ist. Das Involukralblatt ist am unteren Dorsalrand dicht ciliiert.

2. **P. obtusa** Ldbg., Spec. Hep., 1844, p. 42.

Untersucht: Java, Schiffner n. 890.

Diese Art kommt der vorhergehenden recht nahe. Vielleicht ist sie nur eine etwas schwächer entwickelte Form von *P. villosa*.

+3. **P. Gottschei** Schffn., Acad. Vindob., 1900, p. 169.

Untersucht: Java, Tjibodas, M. Fleischer.

Eine andere mir zur Untersuchung vorliegende Art (Birma, det. Steph. n. 3 753) stellt sicher eine andere Pflanze dar. — Aus SCHIFFNER'S (34) Beschreibung ist zu entnehmen, dass *P. Teysmanni* und *Gottschei* einander recht nahe stehen; vielleicht sind sie überhaupt identisch.

4. **P. Teysmanni** Sande-Lac., Syn. Hep., Jav., 1856, p. 12.

Untersucht: Java, Verdoorn n. 194 und 2 035.

+5. **P. hispida** St., Spec. Hep., Vol. II, p. 366.

Wir haben auch bei den *Abietinae* eine Art, deren Sprossachse Paraphyllien trägt, wie die vorliegende. Aber Blattform, -stellung und -gliederung sprechen für eine Einreihung an dieser Stelle. — In den Paraphyllien können wir, wie in den borstig-wimperig aufgeteilten Amphigastrien von *P. villosa* und *obtusa*, eine gute Wasserfangeinrichtung sehen. Freilich dürfen wir diese entwicklungsgeschichtlich ganz verschiedenen Organe nicht verquicken, wie es SCHIFFNER (34) bei *P. obtusa* tut.

SEKTION LATIFOLIAE

Drei Sektionen teilen sich in die Arten, deren Blätter einen weit ausladenden Ventralflügel besitzen, die *Subtropicae*, *Villosae* und *Latifoliae*. Alle sind an dem Blattzuschnitt und der ganz typischen Randzähnung ihrer Vertreter auseinanderzuhalten.

Die stark gedrungenen, so lang wie breiten Blätter der *Latifoliae*, die ein wenig hohl, aber zweizeilig ausgebreitet sind, besitzen ein abgerundetes ventrales Blattohr, das aber keine oder höchstens eine schwach angedeutete Crista bildet, da die Blätter steil von der Achse wegstehen. Dadurch, dass in der Subsektion 1 die Blattspitze abgestutzt ist, kommen wir von breit oval-dreieckigen zu trapezoidischen oder viereckig-rundlichen Blattformen, wie etwa bei *P. latifolia*. Der Dorsalrand ist glattrandig. Die sehr spärlichen Zähne sind fast nur auf das Apikalende beschränkt und stehen höchstens noch in weiterer Entfernung am oberen Ventralrand. — Das Zellnetz ist recht weitmaschig und in den Ecken der etwas rundlichen Zellen stets stark dreieckig verdickt. — Die flügellosen, stark verlängerten Perianthien sind an der Mündung kleindornig gezähnt. — Androeceen sind nur von *P. nepalensis* bekannt und werden als „mediana, parva" beschrieben. — Die Pflanzen sind nicht oder nur wenig verzweigt und nicht sehr kräftig. — Die beiden Subsektionen ergeben sich leicht aus der Blattform. (Abb. 2. 11).

Subsektion 1. Das Apikalende ist deutlich abgestutzt. Die in geringer Zahl vorhandenen Zähne sind an der Blattspitze durch besondere Grösse hervorgehoben (hierin erinnern sie an gewisse Arten der Sektion *Infirmae*). — In diese Abteilung scheinen noch einige weitere hier nicht mit Sicherheit aufzuführende Arten zu gehören.

1. **P. nepalensis** Ldbg., Nova Acta, 1844, p. 93.
Untersucht: Yünnan, Handel-Mazzetti, n. 9 068 und 9 105.
2. **P. latifolia** Schiffner in herb.
Untersucht: Celebes, Bouthain, Fruhstorfer.
3. **P. himalayensis** St., Spec. Hep., Vol. II, p. 331.
Untersucht: Sikkim, Decoly et Schaul.
4. **P. Gollani** St., Spec. Hep., Vol. II, p. 368.
Untersucht: Mussorie, Goll.
Subsektion 2. Die Blätter sind nicht apikal abgestutzt.
1. **P. Beddomei** St., Spec. Hep., Vol. II, p. 361.
Untersucht: India mer., Beddome (Orig.).

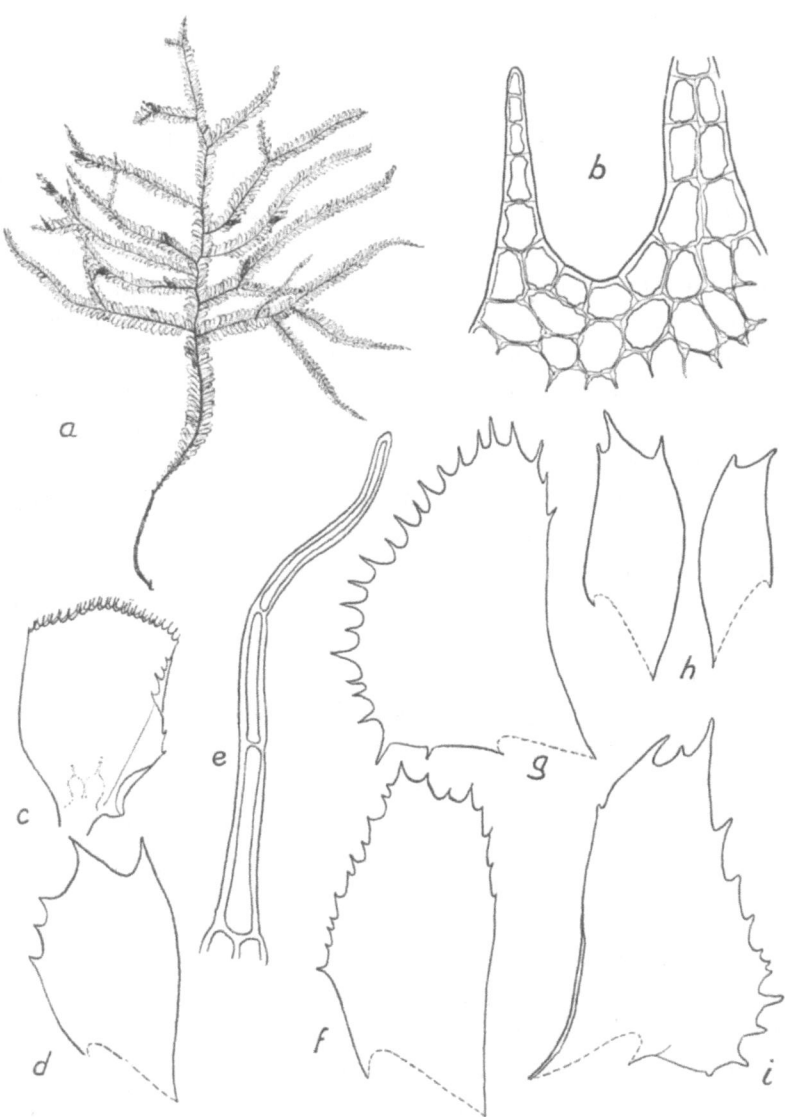

Abb. 11. *a P. Belangeriana*, ⅔ nat. Gr.; — *b P. fusca* (Schffn.) 130 × ; — *c P. Jackii* (Schffn.) 10 × ; — *d P. firma* (Hb. Mitt.) 24 × ; — *e P. subtropica*, Randwimper, 320 × ; — *f P. revolutifolia* .(Schffn.) 24 × ; — *g P. fusca* (Schffn.) 10 × ; — *h P. Burgeffiana* (Burg.) 24 × ; — *i P. Jackii* (Schffn.) 24 × .

+2. **P. blutanensis** Schffn., Oesterr. bot. Ztschr., 1899, Nr. 4ff.

+3. **P. lacerata** St., Spec. Hep., Vol. VI, p. 173.

SEKTION INFIRMAE

Während wir bei den *Acanthophyllae* z.B. braungelb oder hellgelb gefärbte Fflanzen antreffen, sind die Vertreter dieser Sektion, die sich aus drei Elementen zusammensetzt, oft ausgesprochen grün gefärbt in den verschiedensten Abstufungen. Die stets reich chlorophyllführenden Zellen erreichen nur geringe, sich wenig ändernde Masse. Charakteristisch ist die besonders gegen die Blattbasis hin deutliche Längsstreckung der Zellen und die Verdickungsweise. Die am Apikalende dünnen Zellwände können sich nach der Basis zu trabekulat verdicken, während die Zellecken höchstens dreieckige Verdickungen bekommen. Vitten kommen nicht vor. — Die flach zweizeilig abstehenden, spitzwinklig inserierten Blätter sind nicht sehr stark randgegliedert. Der Dorsalrand ist stets glattrandig. Die Blattspitze ist oft schräg abgestutzt und ihre Zähne sind dann durch Grösse und Form hervorgehoben. — Die zwei Vertreter der Subsektion 1 sind bäumchenförmig verzweigt, während alle anderen *Infirmae* sich weniger und dann gabelig (selten fiederig) verzweigen. — Es gibt Perianthien mit und ohne Dorsalflügel. Die Androeceen stehen intermediär. Amphigastrien sind nirgends grösser entwickelt und nur rudimentär vorhanden. (Abb. 2. 8; — 11c, f und i).

Subsektion 1. Die beiden durch kräftigen Wuchs ausgezeichneten Arten dieser Subsektion sind bäumchenartig verzweigt, ein bei *Plagiochilen* wenig häufiger Verzweigungsmodus. Das Blatt ist langgestreckt, etwa gleich breit und läuft auf der Dorsalseite weit den Stengel abwärts, während die ventrale Insertion nur kurz ist. Randgliederung weist nur die apikale Blatthälfte auf. Es sind nur wenig (bis etwa 8) starke, nach der Blattspitze zu gerichtete Blattdornen vorhanden, ein Zahn ist gewöhnlich kräftiger entwickelt. Das terminale oder übergipfelte Perianth, dessen Mündung grob und unregelmässig gezähnt ist, entbehrt eines Flügels. Vielleicht könnten diese Arten gar den Inhalt einer eigenen Sektion bilden, da gewisse Unterschiede im Zellnetz vorhanden sind. — Ob sich hier *P. Burgeffiana* anschliessen lässt?

1. **P. frondescens** (Nees) Ldbg., Spec. Hep., Vol. II, p. 52.
Jung. Nees, Linnaea, VI, p. 607.

Untersucht: Java, Tjibodas, Renner n. 50a, 74, 77; — Java, Burgeff n. 8 113; — Philippinen, Baker (f. *tenerrima* Hzg.); — Java, Verdoorn n. 94.

Erwähnenswert ist der bedeutende Grössenunterschied von Stamm- und Astblättern. *P. frondescens* ist an ihrem fettartigen Glanz gut zu erkennen.

2. **P. fruticosa** Mitten, Proc. Linn. Soc. V, 1861, p. 94.

P. Mildeana St., Soc. bot. belge, 1899, p. 254.

Untersucht: Sikkim, Durel.

Bei dieser Art fand ich das geöffnete Sporogon noch fast ganz innerhalb des Perianths steckend.

Subsektion 2. Wir könnten *P. Massalongoana* als eine Verbindungsform zwischen Subs. 1 und 3 betrachten, indem zwar die bäumchenförmige Verzweigung nicht vorhanden ist, aber die Seitenblätter nach Art der *P. frondescens* inseriert sind. Der Dorsalrand ist glatt, das Apikalende mit wenigen Zähnen versehen. *P. Massalongoana* kommt *P. Junghuhniana* im Habitus und *P. pinnatiramosa* im Blattbau nahe. Das Perianth ist nicht geflügelt.

P. Massalongoana Schffn., Hep. Fl. Buit., 1900, p. 136.

Untersucht: Java, Schiffner, It. Ind. n. 960.

Subsektion 3. Die Blattspitze der sich berührenden Blätter ist nach dem Dorsalrand zu schief abgestutzt, nur bei *P. Jackii* und *revolutifolia* deutlich zweispitzig, bei den anderen Arten mit etwa gleichgrossen Zähnen versehen. Im Gegensatz zu den anderen Subsektionen, die nur bis zur Blattmitte gezähnte Blätter besitzen, können hier die Zähne sogar den ventralen Flügel einnehmen. Das Blatt kann bei *P. Jackii* sogar eine Crista bilden. Das Perianth besitzt stets einen sehr breiten dorsalen Flügel. Manche Arten zeichnen sich durch blattbürtige Brutsprösschen aus. — Die ersten drei Arten haben eine doppelt-gezähnte Perianthmündung. — In diese Sektion dürften noch eine ganze Anzahl bekannter Arten gehören (z.B. *P. Tjibodensis* usw.).

1. **P. revolutifolia** Schffn., Acad. Vindob., 1900, p. 172.

Untersucht: Java, Schiffner, It. Ind. u. 930 und 937; — Java, Verdoorn n. 597, 1 049, 1 234.

Hier muss auf den umgeschlagenen Ventralrand hingewiesen werden, der auch bei *P. Winkleri* und *borneënsis* wiederkehrt.

2. **P. Jackii** Schffn., Hep. Fl. Buit., 1900, p. 129.

P. salacensis G., Enum. Hep. Zolling, 1854, p. 576.

Untersucht: Java, Schiffner, It. Ind. n. 911; — Bali, Renner n. 5; — Java, Verdoorn n. 375, n. 1 920 u. 597 (var. *virens* Schffn.); — Sumatra, Verdoorn n. 75.

3. **P. subtruncata** Schffn., Acad. Vindob., 1900, p. 173.

Untersucht: Java, Tjibodas, Renner n. 61.

+4. **P. truncatula** Sande-Lac., Ann. Mus. Lugd. Bot., 1863/64

SCHIFFNER spricht an mehreren Stellen in seiner „Fl. v. Buit." von *P. truncatella*, wobei er sicher diese Art meint. *P. truncatella* ist aus Mexiko von GOTTSCHE beschrieben werden.

+5. **P. oblongata** Sande-Lac., Ann. Mus. Lugd. Bot., 1863/64.

6. **P. pinnatiramosa** Schffn., Acad. Vindob., 1900, p. 178.

Untersucht: Java, Priangan, Verdoorn n. 2 461; — Java, Verdoorn n. 1 172 (var. *remota* Hzg.).

Bei dieser Art kommen auf der Blattunterseite Brutsprosse vor.

7. **P. infirma** Sande-Lac., Ann. Mus. Lugd. Bot., 1863/64, p. 290.

Untersucht: Java, Schiffner, It. Ind. n. 863; — Java, Verdoorn n. 1 049, 1 256 und 3 209; n. 3 203 u. 3 480 (var. *robusta* Schffn.).

8. **P. Junghuhniana** Sande-Lac., Syn. Hep. Javan., 1856, p. 6.

Untersucht: Java, Priangan, Verdoorn n.1 065 und 1 233; n. 1 235 (f. *minor* Hzg.).

9. **P. semialata** Sande-Lac., Syn. Hep. Jav., 1856, p. 12.

Untersucht: Sumatra occ., Schiffner, It. Ind. n. 855.

P. semialata erinnert in manchen Merkmalen auch stark an die *Belangerianae*. Sie könnte vielleicht beide Sektionen verknüpfen.

SEKTION FIRMAE

Nur kleine, wenige cm grosse Pflänzchen umfasst diese Gruppe. Die gelbbraun bis -grün gefärbten Pflanzen sind gewöhnlich nicht oder wenig verzweigt. Perianthien werden von Innovationen übergipfelt. Die länglich-ovalen oder spatelähnlichen Blätter stehen entfernt oder berühren sich allenfalls, sie sind deutlich hohl. — Die Blattgliederung beschränkt sich nur auf wenige am Apikalende stehende Zähne. — Die flügellosen Perianthien sind im Vergleich zur Pflanze recht gross entwickelt. — Die hohlen Blätter, die mitunter sogar einseitswendig stehen, könnten auf eine Verwandtschaft mit den *Renitentes* hindeuten, Aber die apikale Randgliederung kann gut zur Trennung dienen. Eine Beziehung zu den *Infirmae* dürfte aber schon mit Rücksicht auf die Zellstruktur nicht bestehen. — Zwei Gruppen liessen sich auf Grund der Blattform unterscheiden. Die beiden ersten Arten haben Blätter mit parallelen oder schwach gewölbten Rändern, die Blätter der anderen Species sind $\pm$ oval. (Abb. 10*d*).

1. **P. spathulifolia** Mitt., Proc. Linn. Soc. V, p. 96.

P. simplex Ldbg., Spec. Hep., p. 54.

Untersucht: Java, leg.?, Herb. Gottsche; — Java, Goebel n. 13a; — Java, Burgeff, n. 8 188; — Java, Renner n. 78; — Java, Verdoorn n. 1 136.

2. **P. assamica** St., Spec. Hep., Vol. VI, p. 125.

Untersucht: Ost-Java, Idjenplateau, Fleischer (1911).

3. **P. firma** Mitt., Proc. Linn. Soc. V, p. 95.

Untersucht: N.-Guinea, Kaernbach, Herb. Mitt.

4. **P. corticola** St., Soc. Sc. nat. Cherbourg, Vol. 29, p. 224.

Untersucht: Yünnan, Delavay, n. 1 628.

5. **P. pseudofirma** Herzog, Symbolae sinicae, Wien 1930, V. Teil, p. 10.

Untersucht: Setschwan, Handel-Mazzetti n. 992.

Während *P. corticola* und *firma* einander recht nahe stehen, entfernt sich diese Pflanze etwas durch ihr weiteres Zellnetz.

SEKTION HAMULISPINAE

Die Arten des tropischen Asiens mit einseitswendiger Beblätterung setzen sich aus einer ganzen Anzahl von Formenkreisen zusammen. Zwei Artengruppen von ihnen, die *Peculiares* und *Zonatae*, sind schon allein an ihrem Zellnetz zu erkennen und klar zu definieren, während die anderen durch die Blattform und -gliederung sich unterscheiden.

Die verlängert-dreieckigen, bei beiden Arten dieser Sektion besonders stark, im trockenen Zustand sogar tütenartig eingerollten Blätter sind ringsum mit etwas entfernt stehenden, sehr grossen, oft hakig gebogenen Randdornen besetzt. Das trennt sie gut von den *Renitentes*, wo wir spitze Zähne, aber nie lange Dornen oder ovale oder sonstwie anders gestaltete Blätter haben. Aber auch die Verzweigung der *Hamulispinae*, die bäumchenartig oder auch bündelähnlich ist, wird wohl von keiner Art der spärlich verzweigten *Renitentes* nachgeahmt. — Die mittleren Basalzellen sind vittaähnlich gestreckt. (Abb. 2. 15).

1. **P. perserrata** Herzog, Symbolae sinicae, V. Teil, Wien 1930, p. 12.

Untersucht: Yünnan, Handel-Mazzetti, n. 8 276, 9 362 und 9 477.

Diese Art ist vor allem durch ihren sehr weit herablaufenden, gesägten Vorderrand gekennzeichnet, der in dieser Ausbildung bei anderen chinesischen *Plagiochilen* nicht wiederkehrt.

2. **P. hamulispina** Herzog, Symbolae sinicae. V. Teil, Wien 1930, p. 13.

Untersucht: Yünnan, Handel-Mazzetti, n. 9 334, 9 362a, 4 326.

Dass diese Pflanze in die Verwandtschaft von *P. vittata* gehört, wie HERZOG (l.c.) vermutet, glaube ich nicht, vor allem spricht die abweichende Blattstellung dagegen. — Diese Art besitzt nicht die weit ablaufende, gesägte Cnemis und nicht das weite, fast unverdickte Zellnetz der *P. perserrata*. Das Perianth, das zwei ganz schmale Kiele aufweist, erinnert hierin an *P. torquescens*.

SEKTION RENITENTES

Während die *Hamulispinae* nur aus China bekannt sind, ist bei den *Renitentes* ein grösserer Artenkreis auch im Archipel zu Hause. — Es ist prinzipiell in den Sektionen darauf verzichtet, die Species zu trennen, je nachdem sie im indischen Archipel oder auf dem Kontinent zu Hause sind. Man könnte tatsächlich eine ganze Liste vikariierender Arten aufstellen, wie es SCHIFFNER (33) angeregt hat. Bei der grösseren Artengruppe der *Renitentes* wäre diese Trennungsmethode durchführbar.

Mit der einseitswendigen Blattstellung sind stets hohle Blätter verbunden, die sogar holzspanähnlich zusammengedreht sein können. Dass diese Sektion nichts mit den *Zonatae* zu tun hat, zeigen die viel grösseren, rundlichen Zellen, die dreieckig oder knotig angulär verdickt sind, auch bei den *Renitentes* ist aber eine Neigung zur Vittabildung vorhanden. — Eine Trennung nach der Blattform — wir haben Arten mit ovalen und breit eiförmig-dreieckigen Blättern — ist vielleicht durchzuführen. Die Randgliederung besteht aus spitzen, aus breitem Grund sich erhebenden Zähnchen oder Zähnen, kaum Dornen, die dann im Gegensatz zu den *Hamulispinae* sehr klein sind und viel dichter stehen. — Die braunen oder schmutzfarbenen Pflanzen sind nicht oder nur spärlich verzweigt. Die ungeflügelten, terminal stehenden oder auch übergipfelten Perianthien sind recht gross und ragen weit über das Involukrum hinaus. (Abb. 10*h*).

Pars 1. Der Formenkreis des indischen Archipels enthält kräftiger entwickelte und etwas dichter beblätterte Pflanzen. Die tütenartige Einrollung der Blätter ist weniger stark, die Vitta deutlicher ausgeprägt. Auf der dorsalen Sprosseite treten gern flächige Stämmchenauswüchse auf, die Neigung zur Rhizoidbildung ist vorhanden. Die Blattform von *P. intercedens* steht in der Mitte zwischen *P. Korthalsiana* und den anderen Arten. In diesen Formenkreis gehören sicher noch weitere Arten.

1. **P. trapezoidea** Ldbg., Nova Acta, 1844, p. 112.

Untersucht: Java, Schiffner, It. Ind. n. 1 079; — Java, Verdoorn n. 949 und 1820.

Diese Art zeichnet sich durch besondere, flächige, neben dem Dorsalrand in gleicher Richtung am Stengel herablaufende Paraphyllien aus. Es stehen jeweils zwei Lamellen nebeneinander. SCHIFFNER (34) und STEPHANI geben nur eine an.

2. **P. renitens** Nees in Ldbg., Nova Acta, 1844, p. 90.

Jung. Nees, Hep. Javan., p. 76.

Untersucht: Mindanao, austr., Warburg (var. *maior* Schffn.); — Java, Verdoorn n. 949, 1 820, 2 537 und 2 792.

3. **P. intercedens** Schffn., Acad. Vindob., 1900, p. 185.

Untersucht: Celebes, Bouthain, Fruhstorfer.

Auch diese Art hat Paraphyllien, ähnlich wie bei *P. trapezoidea*. Wahrscheinlich gehören jedoch beide Arten zusammen. SCHIFFNER (34) schreibt bei *P. intercedens*: „Man könnte diese Pflanze für eine schlecht entwickelte oder jugendliche *P. trapezoidea* halten, wenn sie nicht gut entwickelte Fruktifikation aufwiese.''

4. **P. Korthalsiana** Molk, in Sand-Lac., Ned. Kruid. Arch. III, p. 416.

Untersucht: Philippinen, Baker n. 7 078.

Diese Pflanze steht den vorhergehenden, sehr nahe verwandten Arten etwas ferner.

Pars 2. Die folgenden Arten könnte man auch als eigene Sektion zusammenfassen.

5. **P. irrigata** Herzog, Symbolae sinicae, V. Teil, Wien 1930, p. 11.

Untersucht: Setschwan, Handel-Mazzetti n. 132 (f. *obliqua* Hzg.); — Yünnan, Handel-Mazzetti n. 1 974 (f. *patula* Hzg.); — n. 1 527a und 1 528 (Unica). (Orig.).

6. **P. chinensis** St., Mem. Soc. sc. nat., Cherbourg, Vol. 29, p. 223.
Untersucht: Yünnan, Delavay, Herb. Bescherelle.

7. **P. torquescens** Herzog, Symbolae sinicae, V. Teil, Wien 1930, p. 15.
Untersucht: Yünnan. Handel-Mazzetti n. 9 087 und 9 179 (Orig.).
Diese Art besitzt ganzrandige Brakteen. Diese Ganzrandigkeit ist aber nicht Gruppenmerkmal. *P. sikutzuisana* hat z.B. nach STEPHANI's Angaben gezähnte ♂ Hochblätter.

8. **P. Wilsoniana** St., Spec. Hep., Vol. VI, p. 242.
Untersucht: Yünnan, Handel-Mazzetti, n. 4 323; — China, Hapei, Wilson (Orig.).

9. **P. sikutzuisana** Mass., Acad. Verona, 1897, p. 13.
Untersucht: China, Sikutzuisan, Giraldi (Orig.).
Diese Pflanze könnte zu den *Asplenioides* hinüberführen.

10. **P. hokinensis** St., Spec. Hep., Vol. II, p. 296.
Untersucht: Yünnan, Hokin, Delavay (Orig.).

STEPHANI gibt von dieser Pflanze ganzrandige ♂ Brakteen an. Wir müssen also annehmen, dass diese Eigenschaft, die wir doch als Charakteristikum der *Cucullatae* herausgestellt haben, in verschiedenen Verwandtschaftskreisen getrennt aufgetreten ist.

SEKTION FUSCAE

Diese nur eine einzige Art enthaltene Sektion zeichnet ein auffallend weitlumiges Zellnetz aus (Apikalzellen 35 μ, Basalzellen bis 35 × 80 μ), das sehr stark in den Ecken knotig und gegen die Blattbasis auch balkig verdickt ist. Die dichtstehenden Blätter zeigen halboffene Deckung. Es ist bemerkenswert, dass die Androeceen dieser nur spärlich verzweigten, robusten Pflanze, endständig sind und sogar zu mehreren bündelig auftreten können und dass die Brakteenrandgliederung gegenüber der normalen sehr verarmt ist. Diese Eigenschaft gehört aber zur Charakteristik der *Cucullatae*. An eine nähere Verwandtschaft dieser Sektionen kann ich nicht glauben. Zellnetz t y p u s, Blattdeckung, gesamte Färbung und Habitus sind ganz anders.

Die sehr grossen Blattzellen kehren nirgends wieder, deshalb ist eine Verwechslung mit Arten von ähnlicher Blattgestalt kaum möglich. Als weiteres vortreffliches Merkmal sind schliesslich die braune Farbe und das feingezähnte Perianth anzuführen, das z.B. *P. gymno-*

clada, die der *P. fusca* sonst vielleicht nahe kommt, einem anderen Formenkreis zuweist. (Abb. 5*e*; — 11*b* und *g*).

P. fusca Sande-Lac., Nederl. Kruidk. Arch., 1854, p. 417.

Untersucht: Java, Schiffner; — Java, Burgeff n. 8 276; — Java, Renner n. 9, 12, 13, 14, 22, 229; — Java, M. Fleischer (als *P. densispina* St.); — Java, Verdoorn n. 77, 85, 143, 200, 212, 3 015.

SEKTION BELANGERIANAE

Die schön braun gefärbten, recht stattlichen, bis 20 cm langen, verzweigten Pflanzen dieser Sektion zeichnen sich durch verlängerte, oft schlaffe und dünn auslaufende Seitenäste aus. Die sich wenigstens berührenden (oder deckenden), zweizeilig ausgebreiteten, schief abstehenden Blätter sind von schief verlängert-eiförmiger Gestalt (bei *P. Belangeriana* nur die Zweigblätter), ihre ziemlich breite Spitze und die obere Ventralrandhälfte sind grob und unregelmässig gezähnt [1]). Das Lumen der mittelgrossen, knotig oder balkig verdickten Zellen ist von braunem, klumpigem Inhalt erfüllt. Bei mehreren Arten finden sich fädige, braun gefärbte Amphigastrien. — Es gibt Perianthien mit und ohne Kiel; ♂ Ähren stehen intermediär, oft recht reichlich. In dem Verzweigungsgrad zeigen ♂ und ♀ Pflanzen gewisse Unterschiede. — Vertreter dieser Sektion können in der Blattform höchstens an gewisse *Infirmae* anklingen, die aber bereits an der gänzlich anderen Farbe sofort zu erkennen sind.

In die Sektion gehört auch eine von STEPHANI auf *P. attenuata* getaufte, unveröffentlichte Pflanze (Neu-Guinea, Kaernbach n. 45). — Diese Sektion ist noch stark erweiterungsfähig. (Abb. 11*a*).

1. **P. Belangeriana** Ldbg., Spec. Hep., 1844, p. 109.

P. caespitosa St., Bull. Herb. Bois., 1897, p. 848.

Untersucht: Java, Schiffner, It. Ind. n. 667; — Java, Renner n. 8, 10, 15; — Java, H. Winkler, n. 815; — Sumatra, Verdoorn n. 74d, 128, 1 673 etc.

P. Belangeriana kann ziemlich stark abändern. Vielleicht führt eine zusammenhängende Formenreihe zur nächsten Art hinüber.

2. **P. propinqua** Sande-Lac., Syn. Hep. Jav., 1856, p. 8.

---

[1]) Interessant ist, worauf auch schon HERZOG (44) hingewiesen hat, dass bei den Arten dieser Sektion der Übergang vom *Patulae-* zum *Ampliatae-* Typus studiert werden kann.

Untersucht: Borneo, H. Winkler n. 3 051a; — Java, Burgeff n. 8 243; — Java, Verdoorn n. 197, 250, 293.

3. **P. badia** St., Engler's Bot. Jahrb., 1896, p. 304.

Untersucht: Samoa, Reinecke n. 35 (Orig.).

ANHANG

Über die Stellung der folgenden Arten kann ich noch keine bestimmten Angaben machen.

1. **P. singularis** Schffn., Hep. Fl. Buit., p. 158.

P. stenophylla Schffn., Hep. Fl. Buit., p. 137.

Untersucht: Java, Schiffner, It. Ind., n. 1 103 und 963; — Java, Goebel n. 13a; — Java, Verdoorn n. 349, 780, 1 843, 2 720.

Vielleicht könnte *P. singularis* als eigene Sektion aufgefasst werden, die Beziehungen zu den *Kaalaasii* und *Acanthophyllae* haben könnte. SCHIFFNER (34) stellt diese Art zu seinen „*Ciliatae*". Die Kutikularstruktur ist bemerkenswert.

2. **P. gymnoclada** Sande-Lac., in Dozy, Ned. Kruidk. Arch., 1856, p. 93.

Untersucht: Buru, Deninger (06); — Java, Verdoorn n. 990 und 1853.

Die Pflanze zeichnet sich durch Brutblattbildung aus. Vielleicht ist ein Anschluss an *P. latiflora* möglich, wie auch SCHIFFNER (34) vermutet.

3. **P. Burgeffiana** Herzog, Ann. Bryol., Bd. V, 1932.

. Untersucht: Philippinen, Burgeff n. 8 007a und 8 009a.

Eine Verbindung zu anderen ähnlich zarten Arten mit zweilappigen Blättern ist denkbar (Abb. 11*h*).

4. **P. Beccariana** Schffn., Acad. Vindob., 1900, p. 182.

Untersucht: Java, Schiffner, It. Ind. n. 1 052, — Java, Verdoorn n. 146, 58 (f. *laxa* Hzg.) und 209 (f. *simplicior* Hzg.).

III. AUSTRAL-ANTARKTISCHES FLORENREICH

Unter dem Namen „Austral-antarktisches Florenreich" möchte ich zwei grosse Teilareale vereinigen: einmal die Notohyle Patagoniens, die, wie HERZOG (16) unterscheidet, das valdivische und patagonisch-feuerländische Waldgebiet enthält. Beide Gebiete sind natürlich gemeinsam zu behandeln. Auf der anderen Seite das Areal, das durch Australien, Tasmanien und Neuseeland bestimmt ist. Die *Plagiochilen* von Australien treten an Artenzahl gegenüber denen von Neuseeland stark zurück.

A. DIE NOTOHYLE PATAGONIENS

Von Chile, Patagonien und Feuerland sind bis jetzt etwa 65 Arten bekannt geworden, von denen fast zwei Drittel hier Aufnahme finden konnten. Ein zusammenfassendes Wort über die *Plagiochilen* dieses Florengebiets ist hier am Platze.

Die grosse Zahl von Sektionen zeigt, dass dieses Areal, das so viel Endemgattungen und -arten von Laub- und Lebermoosen hervorgebracht hat, auch von unserer Gattung eine Menge besonderer Typen besitzt. Meistens sind es Arten, die durch besondere auffallende Merkmale ausgezeichnet und deshalb in mancher Hinsicht interessant sind. Schon allein dieses Florengebiet macht uns mit der Fülle gegensätzlicher Formen unseres Genus bekannt. Dieses Teilareal des australantarktischen Florenreichs übertrifft an Mannigfaltigkeit der verschiedensten Typen vielleicht noch die Vertreter des neuseeländischaustralischen Formenkreises.

Wir treffen hier extreme Gegensätze im Habitus und in der Grösse; hier die stattlichen Vertreter der *robusta*-Gruppe, dort die Arten der *Lechleri*- und *Gayana*-Verwandtschaft. Auffällig sind ferner die Gegensätze im Zellnetz: hier die grossen Zellen von *P. latifrons*, dort die sehr dichten Zellnetze, wie sie in paralleler Entwicklung bei verschiedenen nicht nächstverwandten Artengruppen auftreten. Wir haben Typen mit langem Perianth, wie *P. ariquensis*, bei anderen Arten (z.B. *P. angulata*) hat es birnförmige oder gar kugelähnliche Gestalt. Es gibt Perianthien mit und ohne Flügel. Es gibt Pflanzen mit steifen Wedeln und solche mit schlaffen Sprossachsen usw. — Die Flora ist auch reich an prägnanten Typen, hier *P. hirta* mit ihrem Stachelpelz von Paraphyllien, dort *P. dura* mit ihrer fiederigen Verzweigung, den bogigen Seitenästen und der besonderen Blattstellung.

Der Formenreichtum erleichtert dem Bestimmer seine Arbeit. Gewisse Schwierigkeiten bieten höchstens die *straminea*- und *angulata*-Gruppe. Die anderen Sektionen sind durch irgendwelche besonderen Eigenschaften gut gekennzeichnet.

Abb. 12. *a P. dura* 18 × ; — *b P. flexicaulis* (Hollerm.) nat. Gr.; — *c P. dura* (Wolffh.) nat. Gr.; — *d P. straminea* (Dus.) 8 × ; — *e P. bispinosa* (Dus.) 18 × ; — *f P. Lechleri* (Dus.) 18 × ; — *g P. subquinquespina* (Hzg.) 18 × ; — *h P. rectangulata* (Dus.) 8 × ; — *i P. duricaulis* (Dus.) 8 × .

ÜBERSICHT DER SEKTIONEN

1. Sprossachsen ringsum dornenähnliche Paraphyllien tragend, Blätter entfernt gestellt . . . . **Sektion Hirtae** (S. 122).
— Stämmchen ohne Paraphyllien . . . . 2.

2. Pflanzen von *lepidozien*ähnlichem Habitus, fiederig verzweigt, mit kleinen Blättern und langen, fast drehrunden, etwas hängenden Seitenzweigen, Zellnetz sehr dicht . . . . **Sektion Durae** (S. 123).
— Planzen von anderen, typisch „plagiochiloidem" Habitus . . . . 3.

3. Pflanzen regelmässig bündelig verzweigt, Seitenzweige länger, etwas herabhängend, Blätter oval, nach der Basis keilförmig, verschmälert, Apikalzellen 26 × 30 µ . . . . **Sektion Obcuneatae** (S. 123)
— Pflanzen nicht regelmässig bündelig verzweigt, oder aber dann mit Apikalzellen von 15 µ Grösse und darunter . . . . 4.

4. Blätter oder Sprossachsen violett oder schwärzlich oder dunkel olivgrün gefärbt. Pflanzen fettig glänzend. Blätter sich gegenseitig deckend, verlängert-dreieckig, Rand dornig bewehrt, Apikalende kurz abgestutzt, gewöhnlich zwei grössere (neben ev. wenigen kleineren) Zähne tragend . . .
Sektion Chilenses (S. 124).
— Pflanzen nicht fettig glänzend und nicht dunkel olivgrün gefärbt sondern gelblich, braun oder grünlich, oder nicht mit dicht stehenden Blättern
5.

5. Blätter 2,5 mm lang, elliptisch, ringsum randgegliedert, am Dorsalrand mit bis zur Insertion herablaufenden Zähnen, am unteren Ventralrand Wimpern oder schlaffe Fransen tragend, Apikalzellen 15 bis 18 µ . . . . .
Sektion Dusenii (S. 126).
— Blätter nicht ringsum bewehrt oder aber dicht stehende, spitze, steil weggerichtete (nie hängende) Zähne tragend (*Robustae*) oder Blätter kleiner oder anders gestaltet . . . . 6.

6. Apikalzellen höchstens 18 µ gross, meistens um 15, mitunter um 10 µ betragend. Meistens zarte Pflanzen, Blätter häufig etwas entfernt stehend 7.
— Apikalzellen (abgesehen von *P. rectangulata*) von wenigstens 25 µ Grösse, meistens 30 µ und darüber betragend; gewöhnlich recht stattliche Pflanzen. Blätter durchweg sich berührend oder deckend . . . . . . 9.

7. Blätter keilförmig, verlängert, mit ± geraden Rändern, entfernt stehend, n u r an der oberen Hälfte randgegliedert. **Sektion Flexicaules** (S. 127).
— Blätter ventral besonders ausgebaucht, Ränder nicht ± parallel, auch an der unteren Hälfte des Ventralrandes randgegliedert . . . . . . 8.

8. Blätter 2 mm und länger, Rand durch kleine, stumpfe, regelmässige, ziemlich dicht stehende Zähne bewehrt. Pflanzen 3 cm und grösser . . . .
Sektion Equitantes (S. 127).
— Blätter unter 2 mm gross, Zähne kräftiger, in viel geringerer Zahl, fast dornig. Pflanzen höchstens 3 cm gross. . , . . . **Sektion Angulatae** (S. 129).

9. Blätter mit breiter Insertion aufsitzend, ligulat, an dem breiten Apikalende in wenige Blattzipfel auslaufend . . . **Sektion Oligodontes** (S. 130).
— Blätter anders gestaltet, breit-oval, rundlich-dreieckig usw., reicher

randgegliedert, meist auch am Ventralrand Dornen, Zähne oder Zähnchen
tragend . . . . 10.

 10. Zierliche Pflanzen, kaum über 3 cm gross werdend. Blätter kaum 2
mm lang. Perianth langgestreckt . . . . . . **Sektion Longiflorae** (S. 130).

 — Mittelgrosse oder sehr stattliche, bis 20 cm lange Pflanzen. Blätter 3
bis 7 mm lang. Perianth kürzer . . . . 11.

 11. Blätter einseitswendig, rundlich oder breit eiförmig-dreieckig, Dorsalrand glatt, Ventralrand und Spitze mit etwas entfernten, mitunter gekrümmten Dornen bewehrt . . . . **Sektion Heteromallae** (S. 131)

 — Blätter flach ausgebreitet, selten rundlich, mitunter Dorsalrand bewehrt, Zähne dichter stehend, nie gekrümmt . . . . 12.

 12. Pflanzen gewöhnlich braun gefärbt, sehr kräftig, fast derb. Blätter
ringsum auch am Dorsalrand mit sehr dicht stehenden, 2—4-zelligen spitzen
Zähnen . . . . **Sektion Robustae** (S. 131).

 — Pflanzen in der Regel gelblich gefärbt. Vorderrand glattrandig. Pflanzen etwas schlaffer. Äste oft nutant. . . . . . **Sektion Stramineae** (S. 133).

SEKTION HIRTAE

Die beiden, dieser Sektion zugehörenden Arten, auf deren nähere
Verwandtschaft auch DUGAS hinweist, sind ausgezeichnet charakterisiert durch die dicht mit Paraphyllien besetzten Sprossachsen, die
wie mit einem dichten Stachelpelz überzogen erscheinen. D i e *Plagiochilen*,
bei denen noch ähnliche Paraphyllienbildung auftritt, ha-
ben mit unserem Typus nichts zu tun und gehören ganz anderen
Verwandtschaftsgruppen an. — Mit Recht hat DUGAS bemerkt, dass
beide Species vielleicht zu einer Art zusammenzufassen wären; darauf könnte schon das Paraphyllienmerkmal hindeuten. — Übrigens
dürfte es kein Zufall sein, dass gerade Vertreter der patagonischen
Flora diese Eigenart zeigen. HERZOG (12) hat darauf aufmerksam gemacht, dass die Lebermoosflora dieses Gebietes reich an Vertretern
ist, die auf die verschiedenste Art eine Oberflächenvergrösserung
ihres Vegetationskörpers erreicht haben, sei es durch Haare oder La-
mellenbildung usw. Erinnern könnte man hier an *Schistochila lamel-
lata*, die auf ihren Blättern Lamellen trägt, oder an *Lophocolea muri-
cata*, bei der jede Blattzelle in ein Haar ausgezogen ist. — Die Blattform und Randgliederung sind bei beiden Arten unserer Sektion
äusserst ähnlich.

 1. **P. hirta** Tayl., Flor. antarct. II, p. 134.

 Untersucht: Plant. Magell., Dusen n. 257.

 +2. **P. hirsuta** St., Spec. Hep., Bd. VI, p. 167.

SEKTION DURAE

P. dura stellt einen ganz isolierten Typus dar. Die Art der Verzweigung, die kleinen Blätter und deren Stellung zur Sprossachse
geben der Pflanze ein bemerkenswertes, *lepidozien*ähnliches Aussehen.
Die Art der fiederförmigen Verzweigung ist freilich keineswegs auf
diese Species beschränkt. Es gibt weitere patagonische Arten mit fie-
driger Verzweigung. Aber der ganze Habitus der Pflanze ist etwas
Besonderes.

Die Stamm- und Zweigblätter zeigen gewisse Unterschiede in
Grösse und Form. Die Blätter stehen sehr dicht am Stengel, sind
steil aufgerichtet, so dass sie beinahe seitlich dem Stengel angelegt
erscheinen. Die langen Fiederzweige hängen nach abwärts gebogen
an der Pflanze, auch das äusserste Sprossende fand ich oft nach der
Ventralseite krummstabförmig eingerollt. — Das Zellnetz ist sehr
dicht, die Wände sind gleichmässig stark verdickt, ohne besondere
Eckverdickungen. (Abb. 2.3; — 12*a* und *c*).

P. dura De Not., Mem. Acad. Torino 1857, p. 214.

Untersucht: Südchile, leg. Wolffhügel; — Westpatagonien, Hicken
n. 29.

var. n. atroviridis Carl.

Untersucht: Patagonia, Dusen n. 51 (zwischen *P. angulata*).

Diese neue Varietät weicht vom Typus — *P. dura* ist hellbraun gefärbt — durch die dunkelgrüne bis fast schwarze Farbe ab. Unterschiede vom Typus finden sich auch in der Art der Randgliederung
der Stammblätter. Die Blattzähne der Varietät sind kleiner, meist
nur einzellig und in geringerer Anzahl vorhanden.

SEKTION OBCUNEATAE

Dieser Typus ist durch die Verzweigungsart gekennzeichnet, die in
gewisser Weise an die von *Chiastocaulon* erinnert. Ein charakteristisches Bild gibt die ♂ Pflanze ab: die Sprosse tragen die Seitenzweige
in büscheliger Anhäufung. An diesen kurzbleibenden Bündelästen
treten die Antheridienstände auf, die am Ende vegetativ noch ein
Stück weiter wachsen, Zur Erzeugung dieses Zweigbündels wird aber
der Vegetationspunkt der Hauptsprossachse „aufgebraucht". Es ent-
steht daher jetzt endogen unterhalb einer Bündelverzweigung ein
neuer Spross, dem nunmehr die Rolle des Hauptsprosses zukommt
usw. — An ♀ Pflanzen ist dieser besondere Verzweigungsmodus weni-

ger deutlich ausgeprägt. Die Neigung zu fascikulater Verzweigung
kommt auch hier zum Ausdruck. Aber die Seitenzweige sind viel
länger und hängen oft bogig abwärts. Interkalare Sprossbildung ist
auch an ♀ Pflanzen sehr häufig. Ich fand einmal zwischen Involukralblatt und Perianth mehrere Innovationssprosse zugleich. — Ob
unsere Pflanze zu der neuseeländischen *P. Lyalii* Beziehungen hat,
die sich auch büschelförmig verzweigt, lange, herabhängende Seitenzweige und dieselben nach der Insertion zu keilförmig verschmälerten
etwa eiförmigen Blätter hat? Freilich wird ihr Zellnetz als viel kleiner
angegeben. Im Zellnetz würde hingegen *P. rectangulata* ausgezeichnet
passen, die sich durch fiederartige Verzweigung auszeichnet.

P. obcuneata St., K. Svenska Vet. Akad. V., Vol. 26, Bihang,
p. 30.

Untersucht: Patag. occ., Dusen (1897).

Die Blätter der Hauptsprossachse stehen auch entfernt, während
sie sich an den Seitenzweigen berühren.

SEKTION CHILENSES

Während drei Arten einander nahe stehen, entfernt sich *P. elata*
ein wenig von ihnen. *P. Warnstorfii* und *P. chilensis* sind, wie auch
HERZOG (15) hervorgehoben hat, miteinander nahe verwandt. Ich
habe geschwankt, ob ich sie nicht überhaupt zu einer Art zusammenfassen sollte, mich aber in Ermangelung der Originale nicht dazu entschliessen können. STEPHANI's Zeichnungen sehen sich überaus ähnlich, in den Diagnosen finde ich kleine Unterschiede (z.B. Blattgrösse).

Was diesen vier Arten eignet, das ist der firnis- oder fettähnliche
Glanz, der alle Blätter auf Ober- wie Unterseite auszeichnet, so dass
die Pflanzen wie „lackiert" aussehen. Das ist ein gutes Erkennungs-
merkmal der Gruppe. — Die verlängert-dreieckigen, dicht stehenden
Blätter, wenigstens der drei ersten anzuführenden Arten, erfahren an
dem leicht ausgebauchten ventralen Blattflügel eine verstärkte
Randgliederung, wie es ähnlich bei den *Cucullatae* oder Verwandten
von *P. serrata* wiederkehrt. Die Blattspitze ist ganz kurz abgestumpft
und trägt meistens 2 grössere (ev. neben wenigen kleineren) Zähne.
— Und dann tritt bei allen Arten eine violette bis blaue oder gar
schwärzliche Farbe an Blättern oder Sprossachsen auf, eine Erscheinung, die sonst fast unbekannt ist unter den übrigen *Plagiochilen*.

Diese besondere Färbung findet sich auffällig bei *P. Warnstorfii* und
P. chilensis. Bei *P. bispinosa* stellte ich bei der Präparation eines ganz
jungen Perianths fest, dass die Involukralblätter, sowie das Perianth
wie die Sprossenden der beiden ersterwähnten Arten gefärbt sind.
Auch bei *P. elata* enthalten die Blattzellen schwarzblauen, koagulier-
ten Inhalt, oder es sind wenigstens die Sprossachsen ganz dunkel und
zeigen ein auffälliges Querschnittbild. — Die nur von *P. bispinosa*
bekannten Antheridienstände stehen intermediär. Die Perianthmündung ist bei mehreren Arten mit grossen und kleinen Zähnen gemischt versehen. — Die Zellnetze passen im Ausmass und in der Ver-
dickungsart gut zusammen. Es sind etwas langgestreckte Zellen mit
unregelmässig knotigen Eckverdickungen, denen sich nach der Basis
zu auch Verdickungsknoten an den Wänden zugesellen können.
Höchstens die apikalen Blattzellen von *P. bispinosa* weichen mit
ihren gleichmässig stark verdickten Zellwänden hiervon ab.

Es könnte scheinen, als ob *P. elata* durch ihre steil aufgerichteten
und hohl zurückgeschlagenen Blätter aus dieser Gruppe herausfiele.
Aber die Blattstellung variiert bei dieser Art sehr stark, worauf auch
STEPHANI hinweist. *P. bispinosa* scheint mir zwischen der flach zweizeiligen Beblätterung von *P. Warnstorfii* nebst *chilensis* und der von
P. elata gut zu vermitteln, wie ich an den verschiedenen Herbarproben, die bald nach dem einen, bald nach dem anderen Typus beblättert sind, feststellen konnte. — Auch in der Blattform nimmt *P.
bispinosa* eine Zwischenstellung ein. Der glatte Dorsalrand von *P.
chilensis*, der nur bei den Floralblättern sich gliedern kann, führt
über das in der äusseren Form noch nahe kommende Blatt von *P.
bispinosa*, die schon bewehrten Vorderrand trägt, zu *P. elata* mit
ihren ringsum stehenden, oft etwas gekrümmten Blattdornen hinüber. (Abb. 11*e*).

1. **P. chilensis** St., Svenska Akad. Handl. 1900, Vol. 25, Bihang,
p. 27.

Untersucht: Chile, Hollermayer, n. 59; — Südchile, Wolffhügel.

An dem Sprossquerschnitt fällt vor allem der dunkle, schwarz-
violette Zellinhalt auf, der das Lumen der sklerifizierten Zellen
ausfüllt und den Wänden des Marks in unregelmässigen Stücken
aufgelagert ist. Er gibt der Sprossachse jene bezeichnende dunkle
Färbung.

2. **P. Warnstorfii** St., Spec. Hep., Vol. VI, p. 241.

Untersucht: Valdivia, Herzog; — Westpatagonien, Hicken n. 30
(var. *minor* Hzg.).

Der schon erwähnte eigentümliche Glanz der Pflanze ist vielleicht
auf die Beschaffenheit der Kutikula zurückzuführen. Zu denken wäre
in erster Linie an einen physikalisch bedingten Effekt, vielleicht beruht aber die Erscheinung auch auf einer besonderen chemischen
Konsistenz der äusseren Zellwände. Der Blattquerschnitt zeigt nichts
Auffälliges. — Die Blätter in der Nähe der terminalen Sprossregion
sind intensiv violett bis blau gefärbt, während die nach dem Basalende zu gelegenen allmählich in die gewöhnliche grüne Farbe übergehen, wobei die Intensität der Färbung nach dem Blattrand zu zuerst abnimmt. Es scheint sich um einen Zellsaftfarbstoff zu handeln.

STEPHANI hat diese Art zweimal abgebildet, jedoch verschieden (in
den „*Patulae*" und „*Ampliatae*"). Bei der einen Abb. ist der Blattvor-
derrand ganzrandig, bei der anderen gezähnt. Die Diagnose stimmt
mit der letzteren überein.

3. **P. bispinosa** Ldbg., im G., Ann. sc. nat., 1867, p. 326.

Untersucht: Patag. occ., Dusen (1897); — Chile, Valdivia, Hahn.

Der mit Zähnen bewehrte Dorsalrand ist lang herablaufend. Die
Abb. von DUGAS und STEPHANI weichen von meinen Befunden ab,
obwohl mir teilweise dieselben Herbarproben zur Verfügung standen.
Der Dorsalrand ist an seiner unteren Hälfte keineswegs ganzrandig,
sondern trägt bis zur Insertion Blattzähne. — Übrigens vergleicht
STEPHANI mit Recht *P. bispinosa* mit *P. chilensis*.

4. **P. elata** Tayl., J. of Bot., 1846, p. 259.

Untersucht: Südchile, Reichert n. 115; — Südchile, Wolffhügel.

Der Stämmchenquerschnitt dieser sicher sehr formenreichen Art
ist dem von *P. chilensis* recht ähnlich. Auch die Zellumina der stark
verdickten Randpartie führen den hier fast schwarz gefärbten Inhalt.

SEKTION DUSENII

P. Dusenii repräsentiert einen besonderen Typus. — Habituell
könnte sie mit anderen Patagoniern zusammenpassen, aber die Randgliederung des Blattes zeigt eine Besonderheit. Das ringsum randbe-
wehrte Blatt ist am Ventralrand unregelmässig lang dornig, um nach
der Basis zu in beinahe fransig-wimprige, stark abwärts gebogene
Zellauswüchse überzugehen, die gelegentlich bis zum Ende zwei Zellen breit sind und dann schlaff herabhängend erscheinen (Abb. 3*d*).

Derartige „Fransen" kenne ich von keiner anderen *Plagiochila* wieder. Die Brakteen sind ringsum gezähnt, aber ohne solche Wimpern. Das durchsichtige Zellnetz, das etwa an das von Vertretern der *Chilenses* anklingt, besitzt in den Ecken starke Verdickungen, die sich basalwärts knotig abrunden. Ein basaler, durch längere Zellen ausgezeichneter, medianer Zellbezirk ist vorhanden.

P. **Dusenii** St., Spec. Hep., Vol. II, p. 475.

Untersucht: Patag. occ., Dusen (in den Herbarien München und Berlin mit der Konvolutaufschrift „*P. uncialis*").

SEKTION FLEXICAULES

Zu diesem Typus rechne ich zierliche, verschiedenartig verzweigte, mit kleinen entfernt gestellten, länglich-ovalen Blättern versehene Pflanzen. Bezeichnend für die Gruppe sind die auffallend geringen Ausmasse der apikalen Blattzellen, ein Zellnetz, wie es etwa auch bei *P. dura* und *P. equitans* anzutreffen ist. Der Blattzuschnitt: die apikal schräg abgestutzten, etwas bauchigen und keilförmig verschmälerten Blätter sind allen Arten gemeinsam, wenn auch die Blattgrösse differiert. Nicht übereinzustimmen (nach ST. 's Zeichnung) scheint das Perianth, da *P. fasciata* ein eiförmiges Perianth mit etwas verengerter Mündung besitzt, während die Perianthien der anderen Arten an der Öffnung nicht enger werden. Aber es sind von letzteren nur junge, noch wachstumsfähige Perianthien abgebildet worden. (Abb. 2.17; — 12*b*).

+1. P. **fasciata** St., Spec. Hep., Vol. VI, p. 154.

+2. P. **filipendula** St., Spec. Hep., Vol. VI, p. 155.

3. P. **flexicaulis** Mont., Syn. Hep., p. 629.

Untersucht: Chile, Dusen; — Chile, Reiche n. 11 (unter dem Namen „*P. oligodon*"); — Chile, Hollermayer n. 297a.

Als Besonderheit am Sprossquerschnitt ist zu erwähnen, dass alle Rindenzellen, besonders deutlich die äusserste Lage, dicht mit grünem Zellinhalt angefüllt sind, was durchaus nicht das gewöhnliche Verhalten der *Plagiochilen* ist. — Die rudimentären Amphigastrien bestehen aus einer kleinen, wenigzelligen Fläche, die in einige mit Schleimpapillen endigende Haare ausgeht.

SEKTION EQUITANTES

Ein Typus, der durch das auch anderen chilenischen *Plagiochilen* eigene dichte Zellnetz, durch die Gestalt und Gliederung der Blätter, deren Stellung am Spross und die verlängerten Perianthien hinreichend beschrieben ist! — Das apikale Zellnetz, das sich aus sehr kleinen, oft viereckigen, gleichmässig verdickten Zellen zusammensetzt, wie wir es etwa von *P. dura* und *P. flexicaulis* her kennen, kann in der Grösse unter 10 μ heruntergehen. Gegen die Basis nimmt die Zellgrösse dann wesentlich zu. *P. minutiretis* weicht insofern von den anderen Arten ab, als die Zellecken des basalen Blatteils knotig verdickt sind, während die anderen überhaupt keine ausgesprochenen Eckverdickungen aufweisen. — Die Blattform ist ± breit oval. In der Ausgliederung des Blattrandes bestehen Unterschiede. Während *P. remotidens* wenige, etwas entfernt stehende Zähne am apikalen Blattrand trägt, sind die Blätter der anderen Arten abgesehen von der unteren Dorsalrandhälfte ringsum mit kleinen, wenigzelligen, breit aufsteigenden Zähnchen umrandet, die mit noch kleineren oft regelmässig abwechseln. — *P. remotidens* und *equitans* stimmen auch in der Stellung der ♂ Äste am Spross überein, die STEPHANI mit „androecia ex apice geniculatim innovata" bezeichnet. — Vielleicht besteht ein Zusammenhang mit der Sektion *Angulatae*.

1. **P. remotidens** St., Spec. Hep., Vol. II, p.481.

Untersucht: Tierra del Fuego, Dusen (1896).

2. **P. equitans** G., Ann. sc. nat., 1857, p. 331.

Untersucht: Südchile, Reichert n. 118; — Südchile, Wolffhügel (unter dem Namen „*P. flexicaulis*"); — York-Bay, Fret. Magell. (unter dem Namen „*P. heteromalla*").

Es ist ein mittlerer basaler, aus längeren Zellen bestehender Bezirk am Blatt undeutlich abgegrenzt.

+3. **P. minutiretis** Reimers, Hedwigia, Bd. LXVI, Heft 1, p. 33.

Die auffallende Abwärtskrümmung der Antheridienähren bei dieser Art, auf die REIMERS (l.c.) aufmerksam macht, kehrt auch bei *P. equitans* wieder.

4. **P. chiloënsis** St., Svenska Akad. Handl. 1900, Vol. 26, Bihang, p. 27.

Untersucht: Südchile, Wolffhügel, n. 97; — Südchile, Reichert n. 113; — Chile austr., Dusen (Ex. Mus. bot. Berol.); — Patag. occ., Dusen (unter dem Namen „*P. Gayana*").

SEKTION ANGULATAE

In diese Sektion gehören sehr kleine, zarte, wenig verzweigte Pflänzchen von höchstens 3 cm Sprosslänge. Ihr Hauptmerkmal ist das dichte Zellnetz. Die gewöhnlich gewölbten Blätter zeigen halboffene Stellung, sie sind randgegliedert, oval bis dreieckig-eiförmig mit etwas keilförmiger Verschmälerung nach der Insertion zu, der Dorsalrand ist glatt, der Hinterrand bei *P. Lechleri* durch lange, dornähnliche, bei anderen durch kräftige breite Zähne, wieder bei anderen durch Zähnchen ausgezeichnet. Die Sektion zerfällt in zwei Untergruppen, was vor allem in dem wesentlichen Unterschied im Perianthbau begründet ist. (Abb. 6*b*; — 12*f* und *g*).

Subsektion 1. Es ist ein weit hervorstehendes, langes Perianth vorhanden.

1. **P. glauca** Carl n. sp. in herb.

Untersucht: Westpatagonien, Hicken n. 31.

Diese Art hat an den Längswänden der basalen Blattzellen ab und zu Verdickungsknoten. Diese Besonderheit kehrt bei *P. subquinquespina* wieder.

2. **P. Lechleri** G., Ann. sc. nat., 1857, p. 325.

Untersucht: Patag. occ., Dusen.

Die Involukralblätter zeigen einen abgegrenzten Vittabezirk.

Subsektion 2. Eine durch das kugelige bis birnförmige Perianth gut charakterisierte Gruppe! — Vielleicht wird auch *P. deformifolia* hierher zu nehmen sein. Der Blattzuschnitt und vor allem das Perianth sprechen dafür, allerdings weist das weitere Zellnetz auf einen besonderen Typus hin.

1. **P. Gayana** G., Ann. sc. nat., 1857, Vol. 8, p. 322.

Untersucht: Chile, Gay (Ex Mus. bot. Berol.) (Orig.).

2. **P. subquinquespina** Herzog, Hedwigia, Bd. LXIV, Heft 1/2, p. 3.

Untersucht: Chile, Herzog (Orig.).

Diese Art wie *P. Gayana* zeigen im Vergleich zu den Seitenblättern sehr stark gegliederte, mit kräftigen und kleinen, verschieden gerichteten Randzähnen versehene Involukralblätter. Auch sonst scheinen sich beide Arten nahe zu stehen. — Mit Recht macht HERZOG (l.c.) darauf aufmerksam, dass diese Art mit der neuseeländischen *P. quinquespina* verwandt ist, die bei einer gemeinsamen Behandlung beider Florengebiete in einer Sektion stehen müssten.

3. **P. angulata** St., Svenska Akad. Handl., 1900, Vol. 26, Bihang, p. 26.

Untersucht: Patag., Dusen n. 51.

Die unter diesem Namen im Herbar München liegende Probe besteht aus einem Rasen einer zu *P. dura* gehörenden neuen Varietät. Zwei als fremde Beimengung erscheinende Sprösschen ergaben sich als die wahre *P. angulata*, die durch ihre Blattform, besonders aber durch das P e r i a n t h charakterisiert ist. STEPHANI gibt für das Perianth „superne compressula, ore parvo prominulo setulosa" an und bildet auch ein solches mit sehr kleiner, spitz gezähnter Mündung ab. Das von mir untersuchte Perianth hat aber einen sehr breiten, deutlich zweilippigen Mund, wie die Abb. 6*b* zeigt, der sich halbkreisförmig öffnet. Die Lippen des fast kugeligen Perianths stossen aneinander und richten sich gegenseitig etwas auf.

SEKTION OLIGODONTES

Die ligulaten Blätter mit parallelen oder gar nach der Basis verbreiterten Rändern, die nur am Apikalende einige wenige Blattzipfel tragen, das sehr weite Zellnetz mit den stark verdickten Zellecken charakterisieren diesen durch zwei Arten vertretenen Typus zur Genüge. Trotz des abweichend gebauten Perianths scheint mir ein Zusammenschluss dieser Arten auf Grund der übereinstimmenden vegetativen Merkmale möglich.

1. **P. oligodon** Mont., Ann. sc. nat., 1845, p. 348.

Untersucht: Chile austr., Gay, Herb. Gottsche (Mus. bot. Berol.).

2. **P. lophocoleoides** Mont., An.n sc. nat., 1845, p. 348.

Untersucht: Chile, Hollermayer.

Diese Pflanze trennt ihr weites Zellnetz von *P. angulata*, mit der sie das fast kugelige, zweilippige Perianth verbindet.

SEKTION LONGIFLORAE

Wie schon STEPHANI andeutet, gehören die beiden hierher gerechneten Arten eng zusammen. Man könnte sie mit *P. subquinquespina,* *P. Lechleri* u.ä. zusammenstellen, wenn nicht die grundverschiedenen Zellnetze beide Gruppen scharf trennen würden. Wir finden in unserer Sektion zierliche Pflänzchen mit ähnlich gestalteten und gegliederten Blättern. Als besondere Charakteristik ist das sehr stark verlängerte Perianth zu erwähnen, das an seiner Mündung undeutlich lippig und mit borstenähnlichen Zähnen besetzt ist. Dieses sehr lang gebaute Perianth erinnert an Vertreter aus Neuseeland (z.B. *P. arbuscula*), mit denen die vorliegende Sektion freilich nichts zu tun hat. — Die ovalen Blätter tragen am Ventralrand spitze, bei *P. ariquensis* fast borstige Zähne. — Das Hauptmerkmal ist das weitlumige, in den Zellecken dreieckig verdickte, hell-durchsichtige Zellnetz. — Ob auch *P. pudetensis* hierher zu nehmen ist, erscheint mir zweifelhaft.

1. **P. longiflora** Mont., Syn. Hep., p. 651.
Untersucht: Chile, Valdivia, Herzog.

2. **P. ariquensis** St., Spec. Hep., Vol. II, p. 473.
Untersucht: Chile, Valdivia, Lechler (unter dem Namen „*P. Gayana*").

SEKTION HETEROMALLAE

Diese Sektion hat vielleicht Beziehungen zur *straminea*-Gruppe. Vielleicht könnte sie dort als Subsektion angefügt werden. Das hier ebenfalls weite Zellnetz weicht aber durch sehr starke knotige Eckverdickungen ab. Die breit-eiförmigen, einseitswendigen Blätter könnten an die *equitans*-Gruppe erinnern; ihr Ventralrand ist von Dornen besetzt, die oft gekrümmt sind.

P. heteromalla L. et L., Syn. Hep., p. 56.
Untersucht: Tierra del Fuego, Dusen n. 242.

var. n. hamatispina Carl.
Untersucht : Westpatagonien, Hicken n. 30a (unter dem Namen „*P. Jacquinoti*").

Die Varietät zeichnet sich durch kräftigere, hakig nach allen Seiten gebogene Blattdornen aus, während Blattzuschnitt, Blattstellung und Zellnetz ganz an den Typus herankommen.

SEKTON ROBUSTAE

Dieser 5 Species umfassende Artentypus (vielleicht ist noch *P. flava* hinzuzunehmen?) ist vor allem durch das weite Zellnetz ausgezeichnet. Alle Arten besitzen apikale Blattzellen von über 30 μ im Ausmass, manche noch hervorgehobene Eckverdickungen; die basalen Zellen zeigen oft über 70 μ in der Längsausdehnung. — ı iese Gruppe setzt sich nur aus sehr stattlichen, oft braun gefärbten Pflanzen von kräftigem Wuchs und meist über 10 cm langen Sprossachsen zusammen. Durch Blattform und -gliederung und ihren ziemlich spitzen Winkel ist die Gruppe gut gekennzeichnet. Es ist nämlich der ganze Blattrand mit kleinen 2 bis 3 Zellen langen, spitz ausgezogenen Zähnchen dicht besetzt, die beiderseits fast bis zur Insertionsstelle reichen und nur am Dorsalrand etwas weiter auseinanderrücken. Besonders bemerkenswert ist der oft regelmässige Wechsel zwischen grossen und kleinen Blattzähnen. — Die Blattform ist eiförmig-dreieckig, oft etwas verlängert, nur *P. longissima* fällt durch ihren Blattzuschnitt etwas heraus. Ein Monograph wird die Artenzahl dieser Sektion vielleicht einschränken können. (Abb. 12*i*).

1. **P. robusta** St., Svenska Akad. Handl., 1900, Vol. 26, Bihang, p. 31.

Untersucht: Westpatagonien, C. M. Hicken n. 74 und 128.

STEPHANI vergleicht diese Art mit *P. Hookeriana*, die von Peru bekannt ist. Diese Art könnte in die vorstehende Gruppe gehören. Es sind sehr wenig Arten, die wir nördlich von Chile wiedertreffen. Aber diese wenigen Fälle rechtfertigen es m. E. nicht, dass man diese beiden Florengebiete gemeinsam behandelt.

2. **P. Valdiviae** Herzog, Hedwigia, Bd. LXIV, Heft 1/2, p. 4.

Unteruscht: Chile, Valdivia, Herzog.

Erwähnenswert scheint mir die rotbraune Färbung der Blattzellinhalte. Noch interessanter sind aber die Verhältnisse am Sprossgipfel: die allerjüngsten, eben abgegliederten Blätter sind noch grün. Im Laufe ihrer Entwicklung, wenn schon die Blattrandgliederung ziemlich weit fortgeschritten ist, nehmen auf einmal die apikalen Randzellen violette Färbung an, wie wir sie bei der *Warnstorfii* Gruppe wiederfinden. Die Grenze dieser gefärbten Blattregion, die sich scharf von dem sonst gleichmässig grünen Blatt abhebt, schiebt sich nach der Basis des Blattes zu fort, bis etwa die obere Blatthälfte violett gefärbt erscheint. Noch an fast erwachsenen Blättern ist die Blaufärbung zu sehen, die dann nach und nach verschwindet. An diesen Blättern gelang mir auch der Nachweis, dass die Färbung auf Anthozyan beruht. Es ist hervorzuheben, dass diese ungewöhnliche auch bei den *Chilenses* anzutreffende Färbung also eine Parallelerscheinung darstellt, da irgendwelche näheren verwandschaftlichen Beziehungen die fraglichen Arten kaum verbinden dürften.

3. **P. duricaulis** Tayl., J. of Bot., 1844, p. 458.

Untersucht: Patag. occ., P. Dusen.

Das von DUGAS unter diesem Namen abgebildete Blatt dürfte von einer anderen Art stammen oder eines der allerersten Blätter am Spross darstellen, da es in keiner Weise zur Diagnose passt. — *P. duricaulis* ist die üppigste Art dieser Gruppe, ich habe Sprosse bis zu 16 cm Länge gemessen.

+4. **P. arguta** St., Spec. Hep., Vol. VI, p. 124.

Auch diese Pflanze gehört unbedingt nach Blattzuschnitt, -randgliederung und Zellnetz in diesen Verwandtschaftskreis.

+5. **P. longissima** St., Svenska Akad. Handl., 1900, Vol. 26, Bihang, p. 29.

Diese Art kann vielleicht zu Vertretern der *straminea*-Gruppe überleiten.

SEKTION STRAMINEAE

Diese Sektion umfasst Arten mit weitem, durchsichtigem Zellnetz, wobei die Zellen polygonal und fast ohne Wand- und Eckverdickungen sind, ähnlich wie bei den *Robustae*, aber die *Stramineae* besitzen nicht die dort beschriebene Randgliederung der Blätter. Fast durchgehend ist die strohgelbe oder gelbbraune Färbung der Pflanzen. Manche Arten haben Sprosse mit n i c k e n d e n   E n d e n. Bei *P. straminea* sind nutante junge Seitenzweige vorhanden, noch schöner zeigt *P. rectangulata* die eingekrümmte Sprosspitze, die dann vor allem bei neuseeländischen *Plagiochilen* wiederkehrt. Die Blätter tragen kräftige, spitze Zähne, nur bei der Subs. 2 einzellige Zähnchen. Bei vielen Arten ist der schlaffe Bau der Sprossachse und Blätter auffällig. (Abb. 3g; — 12d und h).

Subsektion 1. Die leicht kenntliche Gruppe zeichnet sich vor allem durch das sehr durchsichtige, unverdickte Zellnetz aus. Ob der Perianthflügel von *P. Neesiana* und *P. Jacquinoti* Gruppenmerkmal ist, lässt sich nicht entscheiden, da die ♀ Infloreszenzen der anderen Arten unbekannt sind. Charakteristisch für die hohlen, strohgelben Blätter ist der breitovale Zuschnitt (*P. riparia* hat mehr breit-dreieckige Blätter). Die ampliaten Blätter tragen bis auf die basale Hälfte der Dorsalrandes spitze, mehrzellige Zähne. Die Blattrandgliederung trennt unsere Subsektion von den im Zellnetz verwandten *Robustae*.

1. **P. Neesiana** Ldbg., Spec. Hep., p. 71.

P. chonotica Taylor, J. of Bot., 1846, p. 260.

Untersucht: Patagonien, P. Dusen (Ex. Mut. bot. Upsal.).

+2. **P. Jacquinoti** Mont., Voy. au Pôle Sud. I, p. 273.

Möglicherweise gehören diese und die vorige Art zusammen.

3. **P. straminea** St., Svenska Akad. Handl., 1900, Vol. 26, Bihang, p. 32.

Untersucht: Patag. occ., leg.?; — Chile, Reichert n. 114; — Patagonien, Newton, Dusen n. 77 (im Herbar München unter dem Herbarnamen „P. colombina"); — Westpatag., Hicken 30a (zwischen *P. Jacquinoti*).

+4. **P. riparia** St., Spec. Hep., Vol. VI, p. 202.

Subsektion 2. Dieser leicht kenntliche Typus ist nur durch zwei Arten repräsentiert, die, wie es scheint, einander recht nahe stehen. Erkennen lassen sich diese kräftigen, bis 20 cm langen, unverzweigten oder höchstens gabeligen Pflanzen einwandfrei an ihren Blättern, die hier mit die grössten Ausmasse vielleicht innerhalb der gesamten Gattung erreichen. Ich untersuchte Blätter von *P. latifrons*, die 7 mm lang und 5 mm breit waren. Die von STEPHANI für *P. Skottsbergi* angegebenen Masse bleiben hinter diesen kaum zurück. Das auffallend weitmaschige Zellnetz, das keinerlei Eckverdickungen besitzt, hat Basalzellen von $34 \times 98 \mu$ (DUGAS gibt sogar solche von $36 \times 110 \mu$ an). Die breit-eiförmig zugeschnittenen, hohlen Blätter haben einen eingerollten Dorsalrand. Die einzelligen Zähnchen treten nur an der o b e r e n   H ä l f t e   d e s   V o r d e r r a n d e s   und an der Blattspitze auf. Das ist ein ungewöhnliches Verhalten. Wenn wir sonst an einem Blatt geringe Randgliederung finden, tritt diese am v e n t r a l e n   und apikalen Blattrand, nie jedoch am Dorsalrand auf. — *P. obovata*, die nach dem Blattzuschnitt eine Miniaturform dieses Typus sein könnte, gehört wohl nicht hierher.

1. **P. latifrons** Hpe., et G., Linnaeae 1854, p. 553.

Untersucht: Patag. occ., Dusen (1897).

P. latifrons und *Skottsbergii* sollen sich nach der Diagnose dadurch unterscheiden, dass *P. Skottsbergii* nicht gezähnt ist. Bei dieser Art scheinen aber ganzrandige Blätter nicht immer die Regel zu sein. STEPHANI hat nämlich diese Art zweimal abgebildet, einmal ganzrandig und einmal mit Zähnchen. Vielleicht sind beide Arten, die sich nur durch die Kutikula unterscheiden sollen, überhaupt identisch.

+2. **P. Skottsbergii** St., Spec. Hep., Vol. VI, p. 216.

Subsektion 3. *P. Baileyana* nähert sich der Subsektion 1. Die

Blätter stehen aber entfernter, sind länger gestreckt und laufen auf der Dorsalseite am Stengel abwärts. Das Zellnetz, das entgegen STEPHANI's Angaben bei der mir vorliegenden Pflanze durchaus dem von *P. straminea* gleicht, hat dieselben grossen, hexagonalen, durchsichtigen, höchstens mit ganz kleinen Eckverdickungen versehenen Zellen.

P. Baileyana St., Spec. Hep., Vol. II, p. 311.

Untersucht: Westpatagonien, Hicken n. 53b.

Diese bisher nur von Australien bekannte Art wurde mit obiger Probe von HERZOG auch für Westpatagonien nachgewiesen. Ich werde noch Gelegenheit haben (S. 154), auf den Zusammenhang der beiden Florengebiete zu sprechen zu kommen. In der Tat finden sich in der Literatur zerstreut Angaben von patagonischen Arten, die mit neuseeländischen Species identifiziert wurden. — Übrigens scheint mir unsere Pflanze eine Varietät des Typus und nicht diesen selbst darzustellen.

Subsektion 4. Ob man der hierher gehörigen Art den Rang einer Subsektion oder gar einer eigenen Sektion zusprechen muss, ist mir unklar. Sie weicht freilich in ihrem apikalen Zellnetz ab, während ihre basalen Zellen an die von *P. straminea* erinnern könnten. An Vertreter der Subs. 1 erinnern ferner die strohgelbe Farbe der Pflanze, die kurze Insertion und der Zuschnitt des Blattes, sowie sein zarter, schlaffer Bau. Aber die Apikalzellen sind kleiner und kommen nahe an die von *P. obcuneata*. *P. rectangulata* ist fiederartig oder auch bäumchenähnlich verzweigt, was bei *P. straminea* nicht der Fall ist, aber bei *P. obcuneata* wiederkehrt. Vielleicht könnte man diese Subsektion als vermittelnden Typus zwischen der *obcuneata*- und *straminea*-Gruppe ansehen.

P. rectangulata St., Svenska Akad. Handl., 1900, Vol. 26, Bihang, p. 31.

Untersucht: Patagonia, Dusen (109).

Die Amphigastrien bestehen aus kleinen Zellflächen, die sich sehr rasch nach oben verschmälern und in einige papillentragende Haare auslaufen. — Übrigens weist auch STEPHANI auf eine Ähnlichkeit von *P. obcuneata* mit unserer Art hin.

B. NEUSEELAND UND AUSTRALIEN

Fast die Hälfte aller bekannten Arten dieses Florengebiets konnte hier aufgenommen werden. Wenn vielleicht auch nicht die Formenfülle der chilenischen und patagonischen Arten erreicht ist, so heben sich aus dem vorliegenden Stoff doch eine ganze Menge prägnanter Typen heraus. Drei Gruppen vor allem sind klar herauszustellen: einmal *P. deflexifolia* und ihre Verwandtschaft mit ihrem besonderen Zellnetz und isoliertem Habitus — dann die *Taylori*-Gruppe, die schon an den nickenden, oder gar eingerollten Sprossenden zu erkennen ist, auch in Blattform und Zellnetz, vor allem aber in dem auffälligen Merkmal „folia sursum recurva" genug Eigenart aufweist — und schliesslich die *gigantea*-Gruppe, die die besonders üppigen und strauchigen Formen mit oft fiederförmiger Verzweigung umfasst. Diese letzte Gruppe erscheint mir freilich als nicht ganz einheitlich und dürfte sich aus verschiedenen, allerdings kaum trennbaren Bestandteilen aufbauen.

Es fällt bei den Neuseeländern auf, dass die rundlichen oder rundlich-dreieckigen Blattformen vorherrschen und in verschiedenen Artengruppen auftauchen. — Das Zellnetz zeigt dieselbe Mannigfaltigkeit wie das der patagonischen Vertreter. Auch in anderen Merkmalen erinnern die Repräsentanten der beiden Florenreiche recht stark aneinander. Es bleibt einer besonderen Darstellung (S. 154) vorbehalten, die pflanzengeographisch bedeutsamen Beziehungen der australantarktischen Floren zueinander herauszustellen.

Die neuseeländische Flora enthält auch einige Arten, die sich nur als isolierte Typen auffassen lassen. Ob man *P. biserialis* zur *Taylori*-Gruppe in Beziehung setzen darf, erscheint mir genau so zweifelhaft, wie ein Anschluss von *P. Banksiana* an andere neuseeländische Arten.

Die verschiedenen Typen dieser Flora sind ebenfalls sehr abwechslungsreich, so dass wir die austral-antarktischen Arten vielleicht als den interessantesten Gattungsbestandteil ansprechen können. Die von den übrigen Kontinenten unabhängige Entwicklung hat eben ganz besondere Typen hervorgebracht. Und wenn irgendwo eine Einteilung des *Plagiochila*-Stoffes nach grossen geographischen Gesichtspunkten gerechtfertigt erscheint, ist es hier. Die austral-antarktische Flora stellt ein isoliertes Gattungselement dar, das vielleicht nur mit dem neotropischen Florenreich einige wenige Beziehungen verbinden. Ob wir allerdings in Afrika *Plagiochilen* mit verwandten Zügen antreffen, kann ich nicht entscheiden.

ABB. 13. *a P. biserialis* (Oldf.) 18 × ; — *b P. Beckettiana* (Beck.) 18 × ; — *c P. Banksiana* (Beck.) 8 × ; — *d P. Banksiana*, Ap. Zell., 240 × ; — *e* und *f P. Beckettiana*, Sprossteil von der Dorsal- und Ventralseite, 18 × ; — *g P. retrospectans* (Weym.), Sprossende, 25 × ; — *h P. retrospectans* (Weym.), Ap. Zell., 190 × .

ÜBERSICHT DER SEKTIONEN

1. Blätter 5 mm lang, ringsum mit spitzen, feinen, 2—4-zelligen Zähnen bewehrt, herzförmig oder rundlich. Zellnetz sehr weit, Apikalzellen über 30 μ, ohne Eckverdickungen . . . . **Sektion Banksianae** (S. 138).
— Blätter oder Zellnetz anders gestaltet . . . . 2.
2. Apikalzellen sehr stark verdickt, Verdickungsknoten aneinander stossend, ohne unverdickte dazwischenliegende Wandzone. Blätter rundlich, fast ganzrandig, Ventralrand oft leicht unduliert . . . .
Sektion Deflexifoliae (S. 139).
— Zellnetz andersartig. Ventralrand eben . . . . 3.
3. Blätter im äusseren Umriss rund, steil aufgerichtet, mit der dorsalen Fläche gegen die Stengelflanke gewendet, schuppig einander überdeckend (Fol. surs. rec.). . . . . 4.
— Blätter nicht der Sprossachse seitlich angelegt, selten rundlich . . 5.
4. Blattrand eingeschnitten-gezähnt . . . **Sektion Biseriales** (S. 140).
— Blattrand mit dichtstehenden, regelmässigen Zähnchen versehen oder überhaupt glattrandig . . . . **Sektion Taylori** (S. 140).
5. Blätter flach, oval, schief inseriert, an der Spitze mit drei kräftigen Zähnen. Zellnetz gleichmässig stark verdickt. **Sektion Fruticellae** (S. 142).
— Blätter anders gestaltet 6
6. Blätter sehr dicht gedrängt, eine deutliche Crista bildend, ringsum, auch am Vorderrand, Dornen tragend. . . . . **Sektion Annotinae** (S. 143).
— Blätter bilden trotz des ventralen Ohrs keine Crista, oft deutlich einseitswendig, Dorsalrand s t e t s glattrandig. Pflanzen oft bäumchenähnlich oder strauchartig entwickelt . . . . **Sektion Giganteae** (S. 143).

SEKTION BANKSIANAE

Die hierher gehörige Pflanze stellt eine eigene Sektion dar. Mit den patagonischen *P. latifrons* und *Skottsbergi* zeigt sie eine auffallende Übereinstimmung in gewissen Merkmalen. In einer gemeinsamen Darstellung der Teilareale des austral-antarktischen Florenreichs müssten diese Arten wohl in derselben Verwandtschaftsgruppe stehen. Ich habe hier auf eine gemeinsame Behandlung der Florengebiete verzichtet, da hierfür noch nicht genügend Beobachtungen vorliegen, und das untersuchte Material keine endgültigen Schlüsse zulässt. — *P. Banksiana* besitzt wie *P. latifrons* ein weites, diaphanes Zellnetz mit höchstens schwach verdickten Zellecken, die schlaffe, aber relativ dicke Sprossachse, grosse ampliate Blätter usw.; sie unterscheidet sich aber durch die spitzen, feinen, 2—4-zelligen Blattdornen. — An dem charakteristischen Zellnetz ist die Sektion, die

wohl zu keinem anderen neuseeländischen Typus Beziehungen aufweist, sofort zu erkennen. (Abb. 13c und d).

P. Banksiana G., Ann. sc. nat., 1857, Vol. 8, p. 329.

P. laeta Mitt., Handb. N. Zeal. Fl., (1867) p. 742.

Untersucht: Neu-Seeland, W. Beckett (Herb. Levier).

An meiner Pflanze fand ich die Blattzähne keineswegs so regelmässig am Blattrand stehend, wie es STEPHANI beschreibt und abbildet.

SEKTION DEFLEXIFOLIAE

Bei der Durchsicht der neuseeländischen Vertreter fallen diese drei
hierher gehörigen Arten durch ihr Zellnetz auf, das keine Übergänge
zu anderen Arten zeigt und leicht erkannt werden kann. Der *deflexifolia*-Typus ist auf S. 30 ausführlich besprochen. Die Grösse der Zellen ist sehr konstant, am Apikalende etwa 15 × 15 bis 18 × 18 µ,
an der Basis etwa 24 × 35 µ.

Der Ventralrand der Blätter ist besonders an den Innovationen
(bei *P. deflexifolia* sehr deutlich!) meist wellig ausgebildet, während
der Dorsalrand sehr stark in seiner ganzen Länge umgeschlagen ist.
— Die Blätter haben breit-dreieckige bis runde Gestalt, sie sind entweder ganzrandig oder am Apikalende mit wenigen Zähnen versehen,
die bei *P. decurvifolia* auch ein Stück weit auf den Ventralrand übergreifen können. Ob auch irgendwelche Gemeinsamkeiten im Bau der
Sexualregion vorliegen, lässt sich nicht entscheiden, da Antheridienstände und Perianthien nur von je einer Art bekannt sind. — Der
Habitus ist übereinstimmend: steife Sprossachsen, schräg aufgerichtete, sehr dicht stehende, hohle, einseitswendige Blätter,
die das Sprösschen fast drehrund erscheinen lassen. (Abb. 2.
16; — 4e).

1. **P. decurvifolia** St., Spec. Hep., Vol. II, p. 457.

Untersucht: Neu-Seeland, W. Beckett.

Am Basalende des Blattes ist ein Bezirk von vittaähnlich gestreckten Zellen anzutreffen.

2. **P. deflexifolia** St., Spec. Hep., Vol. VI, p. 145.

Untersucht: Tasmania, Oldfield (unter den Namen „*P. Kirkii*" im
Herbar München); — Tasm Hepat., Weymouth n. 1 168 und 1 399
(unter dem Namen „*P. fuscella*" im Herbar München).

Es scheint mir nicht ausgeschlossen, dass man vielleicht diese und
die vorhergehende Art, die einander recht nahe stehen, wird zusam-

menfassen können. — Die als *P. fuscella* bestimmte Art besitzt ganz
andere Verdickungen als angegeben und gehört zu *P. deflexifolia.*

3. **P. microdictyum** Mitt., Flor. N. Zel. II, p. 131.

Untersucht: Neu-Seeland, Mahon n. 35; — Ob die von Colenso (n.
2 215) in Neu-Seeland gesammelte Pflanze hierher gehört?

SEKTION BISERIALES

Eine habituell fremdartig anmutende Sektion und beinahe an
Jamesoniella-Arten erinnernd! — Vielleicht hat trotzdem die Art
Beziehungen zu Vertretern der *Taylori*-Gruppe. Wenn wir uns beide
Sektionen phylogenetisch aus demselben Ausgangsstoff entstanden
denken, müsste sich *P. biserialis* recht frühzeitig abgespalten haben.
Wie sie uns heute vorliegt, stellt sie trotz der steil aufgerichteten, im
äusseren Umriss runden Blätter der leicht gekrümmten Sprossenden
usw. eine eigene Sektion dar. Vor allem ist sie im Zellnetz auffallend
abweichend, es ist hier viel weiter und in den Ecken knotig verdickt.
Die ventrale Blattgliederung in Zipfel und Lacinien kennzeichnet sie
weiter als eigenen Typus; bei der *Taylori*-Verwandtschaft haben wir
nur gezähnte Blätter. (Abb. 13*a*).

P. biserialis L. et L., Spec. Hep., p. 126.

Untersucht: Tasmanien, Oldfield; — Tasmanien, Weymouth n.
1 395.

Die Floralzone dieser durch ihre Blattform charakterisierten Art
zeigt auch steil aufgerichtete Floralblätter, die sich dem Perianth
beiderseits eng anlegen. Das deutlich zweilippige Perianth wird nach
oben ein wenig enger. Die Involukralblätter können auch eine von
der Diagnose abweichende Gestalt haben (am Apikalende statt 3 nur
2 Blattzipfel, gelegentlich kann auch der bogige, sonst glattrandige
Dorsalrand einige Zähne bekommen). An der Basis der Ventralseite
des Involukralblatts fand ich häufig ein unregelmässig zerschlitztes
Anhängsel.

SEKTION TAYLORI

Die Vertreter dieser Sektion sind allein an der rundlich — eiförmigen
Gestalt und der auffallend kurzen Insertion der Blätter gut zu erkennen. Sie sind aber weiter gekennzeichnet durch die dichten und steil
aufgerichteten, mit der ganzen Oberseite der Sprossachse zugekehrten Blätter, die dann beinahe schuppig übereinander liegen können.

Die terminale Sprossregion ist nickend oder gar ± deutlich e i n g e-
r o l l t, stets nach der ventralen Seite, mitunter sogar beinahe
schneckenförmig (ich erinnere an die Namen *P. circinalis*, *P. retrospectans*!). Die Verzweigung ist wohl allgemein bündelförmig, wobei
die Seitenzweige häufig einseitswendig und bogig herabgekrümmt
sind. — Das ziemlich englumige Zellnetz stimmt am Apikalende im
allgemeinen darin überein, dass die Wände gleichmässig und stark
verdickt sind. Nach der Basis zu kann dieser Verdickungsmodus beibehalten werden (*P. appressifolia*), oder es treten aber an den Ecken
sehr deutliche Knoten auf, die auch zu mehreren an den Längswänden sich vorfinden können. Mitunter ist ein Vittabezirk angedeutet.
(Abb. 13*b*, *e*, *f*, *g* und *h*).

Subsektion 1. Das Blattzellnetz besitzt keine besonders differenzierte Marginalzone.

1. **P. Taylori** St., Spec. Hep., Vol. II, p. 459.

Untersucht: Tasmanien, Weindorfer n. 2;— Tasmanien, Weymouth.

2. **P. Beckettiana** St., Spec. Hep., Vol. II, p. 466.

var. n. minus denticulata Carl.

Untersucht: Neu-Seeland, Beckett (1889) (unter dem Namen „*P.
circinalis*" im Münchener Herbar). Sprosslänge, Zellnetz, Blattrandgliederung zeigen, dass eine andere Pflanze vorliegt.

Unterscheidet *c*ich vom Typus durch geringere Randzähnelung.
Auch sind die Zellen etwas grösser.

+3. **P. circinalis** L. et L., Spec. Hep., p. 124.

Jung. L. et L., Pugillus IV, p. 64; — *P. hemicardia* T. et Hook.,
Syn. Hep., p. 626.

4. **P. inaequalis** St., Spec. Hep., Vol. VI, p. 169.

Untersucht: Neu-Seeland, Mahon n. 34.

Diese Art hat STEPHANI in seinen Icones zweimal abgebildet und
verschieden!

4. **P. appressifolia** St., Spec. Hep., Vol. VI, p. 124.

Untersucht: Neu-Seeland, Fleischer (1903), Bryoth. Fleisch. 65.

Diese Art besitzt völlig knotenfreie, stark verdickte Zellwände.

+6. **P. multidentata** St., Spec. Hep., Vol. VI, p. 185.

Subsektion 2. Man könnte *P. retrospectans* auch als stärker abge-
leiteten Typus der Subs. 1 auffassen. Die rundlich eiförmige Blattform, der Habitus, die gekrümmten Sprossenden usw. zeigen einen

Zusammenhang. *P. retrospectans* hat sich aber in ihrem Zellnetz weiter entwickelt. Von der Marginalzone abgesehen könnte sie zur Subs. 1 gehören. Aber die durch Farbe, Zellgrösse und -verdickung ausgezeichnete Randzone gibt dem Blatt ein besonderes Gepräge. Besonders differenzierte Blattsäume sind übrigens in unserer Gattung selten. Wir finden sie z.B. wieder bei Vertretern der amerikanischen *Minutidentes*. Gegenüber der *Taylori*-Verwandtschaft zeigt die Randgliederung unserer Art einen Fortschritt, indem grössere Blattzähne mit kleineren $\pm$ regelmässig abwechseln und sich am Apikalende fast immer ein einzelner grösserer Zahn ausdifferenziert hat. Die Blattrandgliederung der verwandten Arten besteht in unregelmässigen oder unter sich gleichgestalteten Blattzähnchen.

P. retrospectans Nees, in Ldbg., Spec. Hep., 1844, p. 123.

P. opistothona Tayl. et H., Syn. Hep., p. 652; — *Jung. opistothona* Tayl., J. of Botany, 1844, p. 577; — *P. apiculata* St. in herb.

Untersucht: Tasmanien, Weymouth (1891), (Herb. E. Lev.); — Tasmanien, Weymouth (1899), (Herb. E. Lev.) unter dem Namen „*P. apiculata*".

Die 4—5 Lagen differenzierter Randzellen der Blattlamina bestehen aus grösseren Zellen mit gleichmässig verdickten Wänden.

SEKTION FRUTICELLAE

Diese Sektion, der wohl noch weitere Arten anzuschliessen sind, besitzt ovale Blätter mit schiefer Insertion und drei kräftigen Apikalzellen. Neben der Blattform ist das dichte und gleichmässig stark verdickte Zellnetz (nach Art von *P. fasciculata*) charakteristisch. Die strohgelbe, elegante, leicht kenntliche Pflanze besitzt schliesslich noch eine ausgeprägte Kutikularstruktur.

Mit Vorbehalt möchte ich hier auch die zierliche *P. pleurata* anfügen, die genau denselben Blattzuschnitt mit den drei apikalen Zähnen wie die warzenähnliche Kutikularstruktur besitzt. Auch *P. Lyallii* hat dieselbe rauhe Kutikula, weicht aber durch ihre Blattrandgliederung ab. Ob man ferner *P. rufescens* mit ihren ähnlichen Blättern hierher nehmen darf, scheint mir wegen ihres starkknotigen Zellnetzes fraglich. (Abb. 2.6).

P. fruticella H. et T., Syn. Hep., p. 639.

Jung. Tayl., J. of Bot., 1844, p. 565; — *P. Fenzlii* Rchdt., Exped. Novara 1870.

Untersucht: Neu-Seeland, Helms (1887); — Neu-Seeland, Beckett (1889) unter dem Namen „P. Fenzlii". — Ob P. Dicksoni (Unters.: Neu-Seeland, Cheesemann, 1895) wie es STEPHANI tut, als Synonym zu P. fruticella genommen werden kann, erscheint mir fraglich. Vor allem finde ich Abweichungen im Zellnetz und in der Blattform.

SEKTION ANNOTINAE

Pflanzen mit wenig verzweigten, häufig leicht gekrümmten Sprossen und sehr dicht gedrängten, eine deutliche Crista bildenden Blättern bilden den Inhalt dieser Sektion. Ihre dunkle, olivgrüne Farbe ist auffällig. Die dreieckigen, am Dorsalrand umgeschlagenen Blätter tragen ringsum, auch am Vorderrand Dornen, die häufig nach oben oder unten gebogen sind. Die grossen, rundlichen Zellen mit den sehr starken Eckverdickungen und das lange, weit hervorragende Perianth vervollständigen das Bild dieser habituell leicht kenntlichen Gruppe. Blätter und Zellnetz könnten an Vertreter der gigantea-Gruppe erinnern. Der Habitus der Pflanzen kommt dem von Arten der chilenses-Gruppe etwas nahe. — Ob die Eigenart der Brakteen von P. annotina auch für P. circumdentata gilt, ist in Ermangelung der ♂ Pflanzen nicht festzustellen.

1. **P. annotina** (Menz.) Ldbg., Spec. Hep., p. 34.
Jung. Menzies, in Hook., Musci exot. tab. 90.
Untersucht: Neu-Seeland, Beckett (1899); — Neu-Seeland, Mahon n. 30.

Je zwei Brakteen desselben Umlaufs sind hoch hinauf auf der Dorsalseite miteinander verbunden. — STEPHANI schreibt in der Diagnose „ala nulla" und bildet trotzdem ein Perianth mit Flügel ab. — Übrigens brauchen die Blattzähne nicht bis zur dorsalen Insertion herabzureichen. Ich hatte auch Exemplare, wo die Randzähnung nur bis zur Hälfte des Vorderrandes ging.

2. **P. circumdentata** St., Spec. Hep., Vol. II, p. 456.
Untersucht: Neu-Seeland, Becket (1901).

Auf der Stengeloberseite finden sich flächige Paraphyllien, von denen STEPHANI nichts erwähnt.

SEKTION GIGANTEAE

Die Sektion setzt sich, wie schon das Zellnetz ersehen lässt, aus verschiedenen Formen zusammen, die sich aber in den Merkmalen so nahe berühren, dass man sie kaum wird trennen können. Im allgemeinen wollen wir hierunter sehr kräftige, baumförmig oder strauchig entwickelte Arten mit deutlicher fieder- oder bündelartiger Verzweigung verstehen (nur *P. Howeana* und *P. Sinclairii* sind wenig verzweigt). Für alle Arten trifft ein breit-eiförmiges oder breit-dreieckiges Blatt zu, das stets nach der Ventralseite zu hohl, oft sogar am Dorsalrand scharf umgeschlagen ist, trotz seines weiten Ventralohrs keine Crista bildet und oft deutlich einseitswendig am Stengel steht. Die Blätter sind stets randgegliedert, mit Ausnahme des Dorsalrandes, und mit kleinen dicht stehenden oder auch kräftigen, entfernt stehenden dornigen Zähnen besetzt. (Abb. 6c).

Subsektion 1. Diese Gruppe umfasst die stattlichsten Formen (bis 15 cm Sprosslänge und mehr) der Sektion, die vielleicht zu den üppigsten *Plagiochilen* überhaupt gehören dürften. Man könnte sie nochmals in zwei Untergruppen teilen. *P. arbuscula* und *P. Stephensoniana* zeichnen sich durch einen regelmässig-gefiederten Spross aus mit nach der Sprossbasis zu länger werdenden Seitenzweigen, durch ein Zellnetz, das aus mittelgrossen, in den Ecken knotig verdickten Zellen besteht. Von diesem Zellnetz weicht das von *P. Rutlandi* und *P. gigantea* auffällig ab. Wir finden hier, auch am basalen Blatteil, überhaupt keine Eckverdickungen, nur nach der Basis zu langgestreckte Zellen mit gleichmässig dicken Wänden. Unterschiede ergeben sich aber auch im Blattbau. Während die erste Abteilung dorsal etwas abwärts laufende, breit inserierte Blätter besitzt, treffen wir bei den letzteren nur kurz inserierte, mehr dreieckig-rundliche Blätter an, die sich zudem noch durch einen bemerkenswerten Dimorphismus von Stamm- und Zweigblättern auszeichnen.

1. **P. arbuscula** (Bridel), L. et L., Spec. Hep., p. 23.
Jung. Bridel in Lehm. Pug., IV, p. 63.
Untersucht: Neu-Seeland, leg. Cheesemann.

2. **P. Stephensoniana** Mitt., Fl. N. Zel., II, p. 133.
Untersucht: Neu-Seeland, Colenso n. 1 234; — Neu-Seeland, Hodgson.

Die Antheridienstände sind nach STEPHANI purpurn gefärbt. *Plagiochilen* mit gefärbter Gametangienregion sind recht selten. Aber gerade deshalb ist es bemerkenswert, dass dieses Merkmal, das bekanntlich bei verwandten Gattungen (*Jamesoniella*, *Syzygiella*) viel häufiger wiederkehrt, auch vereinzelt in unserem Genus auftritt.

3. **P. Rutlandi** St., Spec. Hep., Vol. II, p. 454.

Untersucht: Neu-Seeland, Goebel.

4. **P. gigantea** (Hook.) Dum. Rec. d'obs., p. 15.

Jung. Hook., Musci exot., p. 22.

Untersucht: Neu-Seeland, Beckett (1903).

STEPHANI erwähnt nicht, dass die Stammblätter auch ganzrandig sein können. — In diese Verwandtschaft gehört auch eine von STEPHANI als *P. ramosissima*(?) bestimmte Pflanze. (Unters.: Neu-Seeland, Kirk n. 316).

Subsektion 2. Die Elemente, die diese, wie mir scheint, nicht ganz einheitliche Gruppe bilden, kann ich trotz Bemühungen nicht herausschälen. Vielleicht haben wir hier zwei stark konvergent entwickelte Verwandtschaftsgruppen vor uns. — Ein starkes verwandtschaftliches Band knüpft *P. Howeana* an *P. deltoidea*, wie schon die einseitswendige Beblätterung und der Blattzuschnitt zeigen, obwohl die Zellnetze Unterschiede aufweisen. Auch *P. strombifolia* wird man ihnen anschliessen können. *P. Sinclairii* könnte in Blattform und Zellnetz auch nahe an *P. deltoidea* herankommen. — *P. fasciculata* dürfte wegen ihres anders verdickten Zellnetzes und ihrer kräftigen, breiten Blattrandzähne einen besonderen Typus repräsentieren.

1. **P. Howeana** St., Spec. Hep., Vol. II, p. 461.

Untersucht: Neu-Seeland, Beckett (1903), (Bryoth. E. Lev.); — Neu-Seeland, Marlborough, Mahon n. 31.

Vielleicht zeichnet sich diese Art durch Brutblätter aus, ich fand in der vorliegenden Probe sehr viele entlaubte Stämmchen.

2. **P. deltoidea** Ldbg., Spec. Hep., p. 132.

P. strombifolia, Syn. Hep., p. 655; — *P. Stuartiana*, G., Linneaa, 1856, p. 548; — *P. Kingiana* G., Ann. sc. nat., 1857, p. 323.

Untersucht: Tasmanien, Weymouth (1888); — Neu-Seeland, Beckett (1906).

3. **P. strombifolia** (Taylor), Lehm. Pugillus VIII, p. 5.

Jung. Tayl., J. of Bot., 1844, p. 578.

Untersucht: Tasmania, Weymouth (1894), (Herb. E. Lev.).

4. **P. Sinclairii** Mitt., Fl. Nov. Zel. II, p. 132.

Untersucht: Neu-Seeland, Beckett (1898), (Bryoth. E. Lev.).

Die ♂ Stände fand ich intermediär, oft wiederholt am Spross stehend. Sie werden gebildet von 7—12 Brakteen, die dicht gedrängt,

ganzrandig oder ganz schwach gekerbt sind, mit auswärts gewende-
ten Apikalteilen.

5. **P. intertexta** Tayl., J. of Bot., 1846, p. 267.

Untersucht: Tasmanien, Weymouth.

6. **P. fasciculata** Ldbg., Spec. Hep., p. 7.

P. aculeata T. et H., Syn. Hep., p. 627; — *P. subfasciculata* Colenso, Proc. N. Z. Institute.

Untersucht: Tasmanien, Weindorfer n. 1; — Tasmanien, Weymouth (1898); — Neu-Seeland, Beckett (Herb. E. Lev.) unter dem
Namen *P. subfasciculata*.

IV. ABSCHNITT: DER AUFBAU DER GATTUNG; DIE GEOGRAPHISCHEN UND VERWANDTSCHAFTLICHEN BEZIEHUNGEN DER ARTENGRUPPEN

Was lässt sich über die Herkunft der Gattung sagen? Wenn man auch schliesslich annehmen kann, dass sich die Gattung *Plagiochila*, wie sie heute vorliegt, von e i n e m ursprünglichen Grundstoff herleitet, müssen wir eine frühzeitige Aufspaltung dieses durch grosse Plastizität ausgezeichneten Ausgangsstoffes annehmen, der in einzelnen Entwicklungslinien Seitenzweige stärkerer Abwandlung gebildet hat. Diese Annahme liegt jedenfalls näher, als sich vorzustellen, dass sich die Gattung aus Elementen aufbaut, die von verschiedenem Ausgangsmaterial abstammen und sich konvergierend entwickelt haben. Dass überhaupt eine gewisse Schwierigkeit in der Vorstellung der Gattungsphylogenie besteht, ergibt sich aus dem Reichtum der oft wesentlich voneinander verschiedenen und gut erkennbaren, aber doch irgendwie verknüpften Artengruppen, die gewöhnlich der plagiochiloide Habitus zusammenführt. Manche Verwandtschaftskreise scheinen auf den ersten Blick so gut als eigene Typen gekennzeichnet, dass man sie als Subgenera oder gar selbständige Gattungen abtrennen zu können glaubt. Und trotzdem müssen sie in dem riesigen Verband von Arten belassen werden; der Grund ist darin zu suchen, dass die vergleichend morphologisch-anatomische Methode, die uns vorerst als Hilfsmittel zur Sichtung der Gattung an die Hand gegeben ist, zur Entscheidung phylogenetischer Fragen nicht ausreicht, und dass eben die Grenzen der Formenkreise, die vielleicht auf verschieden hohen Entwicklungsstufen angelangt sind, sich nicht scharf umrissen darstellen.

Der Artenverband, der die Gattung *Plagiochila* repräsentiert, ist nicht nur durch die Elemente der Floralregion, sondern fast noch mehr durch die Merkmale des vegetativen Sprosses verknüpft. Die charakteristische Anheftung des dorsalen Blattrandes — die Arten mit arrekter Blattstellung könnte man als Sonderfall auffassen — muss sicher noch höher bewertet werden als das Perianth, das einmal in verschiedenen benachbarten Gattungen in ähnlicher Ausbildung wiederkehrt, und auf der anderen Seite selbst innerhalb unseres Genus nicht ganz einheitlich ist. Da dem Bau (vielleicht weniger der Stellung) nach den Antheridienähren a u c h nur beigeordnete Bedeutung zukommt, wird eine Abtrennung gewisser Sektionen und ihre Erhebung zu Subgenera vor allem unter Zugrundelegung der Merkmale des sterilen Sprosses durchzuführen sein. —

Ich gebe STEPHANI vollständig Recht, wenn er zur Gliederung nach geographischen Gesichtspunkten angibt, „dass die Florengebiete gar nicht ineinander greifen". (Zu der anderen Behauptung, dass die Verbreitung der Arten eine sehr geringe sei, kann ich nicht Stellung nehmen.) Es wäre sonst eine Aufstellung von Sektionen, die nach Florenreichen getrennt sind, überhaupt nicht möglich gewesen. Es stellt sich nämlich, etwa bei einer Betrachtung der Paläo- und Neotropis, in der Tat heraus, dass i n n e r h a l b der unterschiedenen Formenkreise kaum Berührungspunkte vorhanden sind und dass Arten des einen nicht ohne weiteres in Sektionen des anderen Florenreichs genommen werden können. Aber es bestehen trotzdem deutliche Beziehungen in den Floreninhalten der beiden Welten. Es wurde schon bei der Charakterisierung der einzelnen Sektionen im vorigen Abschnitt auf manche verwandtschaftliche Verknüpfung aufmerksam gemacht. Das wesentliche soll hier zusammengefasst werden.

Welcher Art sind die Beziehungen vom tropischen Amerika zum tropischen Asien? Mit dieser Problemstellung ist die Frage nach dem inneren Aufbau der Gattung eng verbunden.

Wenn wir die Subgenera einmal ausnehmen, scheinen mir vor allem vier grössere Verbände von Sektionen an der Zusammensetzung des Genus beteiligt zu sein, die sich als v i e r von dem gemeinsamen Entwicklungszentrum herzuleitende grosse Entwicklungslinien auffassen lassen, von denen sich erst sekundär wieder kleine Artengruppen — unsere einzelnen Sektionen — abgezweigt haben. —

Die e r s t e dieser vier Hauptkomponenten der Gattung könnten wir die „*Eury-Plagiochilae*" nennen. In diesen Verwandtschaftskreis würden die *Cucullatae* der Indomalaya zu nehmen sein, mit ihnen die *Kaalaasii* und *Acanthophyllae*; in Amerika würden diesen Sektionen vor allem die *Superbae* und *Subplanae* entsprechen, denen vielleicht noch die *Alternantes* und *Glaucescentes* angeschlossen werden können. Bei den „*Eury-Plagiochilen*" ist das Merkmal der endständigen und bündelig angehäuften Antheridienähren fast durchweg vorhanden, das sonst in der Gattung recht selten ist (z.B. *Fuscae*). Vor allem aber finden wir den *contingens*-Zellnetztypus meist in sehr charakteristischer Ausbildung. Es ist aber bemerkenswert, dass das Zellnetz der altweltlichen Sektionen etwas gegenüber dem der amerikanischen an Grösse der Zellen zurücksteht. Ein weiteres verbindendes Merkmal sind die flach-zweizeilig ausgebreiteten, nicht entfernt stehenden Blätter, die eine starke Neigung zur Ausgliederung des Randes haben. Sehr häufig sind Wimpern, seltener Lacinien vorhanden, oder es treten längere Blattzähne auf. Gemeinsam ist weiterhin eine nur geringe Tendenz zur vegetativen Verzweigung. Die Pflanzen sind überhaupt nicht oder nur wenig verzweigt. Nur die „Blüten"zweige (und zwar sowohl ♂ wie ♀) stehen oft bündelig oder fächerartig gehäuft. Im einzelnen zeigen die Sektionen der beiden Kontinente durchgreifende Unterschiede. Interessant ist die Cucullenbildung, die bei den asiatischen *Cucullatae* auftaucht, aber bei den Amerikanern in dem entsprechenden Verwandtschaftskreis in stark bewimperten Cristae eine Art Gegenstück findet. Die flächig ausgebildeten Amphigastrien und die ganzrandigen ♂ Brakteen, die bei den Verwandten nur selten wiederkehren, deuten auf eine starke Eigenentwicklung dieser Sektion hin. — Vielleicht finden die *Hylaecoetes* und *P. cristata*, die auch Beziehungen zur nächsten Gruppe von Formenkreisen haben, besser bei den *Eury-Plagiochilen* als ein etwas entfernter stehender *A*rttypus Anschluss.

Ein z w e i t e r Kreis von Artengruppen zeichnet sich wie die *Eury-Plagiochilen* gut ab. Man könnte ihn die „*Hypnoides*" nennen. Hier taucht auf einmal ein ganz anderer Zellnetztyp auf. Die Zellen sind nicht pellucid, sondern chlorophyllös, etwas gestreckt, mit kleinen Verdickungsecken usw. Dazu kommen flach zweizeilig ausgebreitete, nicht entfernt stehende, oft grüngefärbte Blätter, eine stärkere Neigung zur Verzweigung, intermediär an den Seitenzweigen stehende Gametangienstände. — Während in Amerika die *Crispatae, Hypnoides, Parallelae* und wohl auch *Contiguae* dieser Gruppe von Sektionen zugehören, würden ihnen in der Alten Welt die *Infirmae, Latifoliae, Belangerianae* und *Villosae* entsprechen. — Die für *Plagiochila* charakteristischen blattbürtigen Brutsprösschen treffen wir n u r in dieser Abteilung an, bei der auch in verschiedenen Formenkreisen eine Neigung zu einer grösseren Ausbildung des ventralen Segments zu bemerken ist. Es darf erwähnt werden, dass die bei den *Eury-Plagiochilen* Amerikas vergebens gesuchte Wassersackbildung in einer etwas abgewandelten Form bei den *Crispatae* angetroffen wird, wo Formen mit $\pm$ deutlichem Wassersack in solche mit unduliertem Ventralrand übergehen. Wenn auch die Sektion *Hypnoides* durch ihre besonders dichte Blattstellung innerhalb der Abteilung zu einer gut abgegrenzten Artengruppe wird, kann über ihre verwandtschaftliche Verknüpfung kein Zweifel bestehen. — Von den *Villosae* abgesehen bleibt die Blattrandgliederung dieses Entwicklungsastes bedeutend hinter der der *Eury-Plagiochilen* zurück. Wenige mitunter kräftige Zähne an der Blattspitze und dem Ventralrand sind vorhanden. Der Vorderrand bleibt stets glattrandig. Wimpern sind ausserordentlich selten.

Den d r i t t e n grossen Verwandtschaftskreis führt neben dem Blattzellnetz die einseitswendige Beblätterung zusammen. Ich möchte deshalb den Namen „*Heteromallae*" vorschlagen. Man wird im Zweifel sein, ob die Arten mit arrekter Blattstellung hierher zu nehmen sind? Ich möchte es bejahen und verweise auf die Übergänge bei den *Arrectae*. Die „*Heteromallae*" zeigen nur selten grüngefärbte Pflanzen. Ihre Vertreter sind braun, mitunter recht leuchtend, oder schwärzlich gefärbt. Die Verzweigung ist i.a. ziemlich spärlich. Mit der Einseitswendigkeit geht meist ein stark umgelegter Dorsalrand Hand in Hand, mitunter finden wir Pflanzen, deren Blätter, besonders im trockenen Zustand, sogar tütenförmig eingerollt sind. — Während wir in Asien die *Hamulispinae* und *Renitentes* — ob zu den *Asplenioides* Beziehungen bestehen, ist ungewiss — hierher nehmen müssen, ist die Neue Welt mit den *Permistae, Choachinae, Arrectae* und *Rutilantes* vertreten. Es ist nun interessant, dass in der Indomalaya noch zwei Sektionen mit „*Heteromallae*"-Blattstellung zu Hause sind, die aber durch ihr Zellnetz auffallend abweichen. Es sind das einmal die *Peculiares* mit ihrem sonderbaren, *frullanien*-ähnlichen Zellnetz und die *Zonatae* mit ihren kleinen Zellen und der ausgesprochenen Vitta. Das *peculiaris*-Zellnetz steht in der ganzen Gattung isoliert da, das der *Zonatae* ist nur noch bei Sektionen des australantarktischen Florenreiches anzutreffen, die z.T. auch einseitswendig oder gar arrekt beblättert sind. Sollte man da eine Beziehung anneh-

men? Ob die *Firmae* mit den „*Heteromallae*" verbunden werden können und ob sie vielleicht gar den amerikanischen *Choachinae* entsprechen? Die Möglichkeit besteht. — Denkbar wäre schliesslich auch
eine Verknüpfung der „*Heteromallae*" mit den *Abietinae*, die jedoch
wegen ihrer fiederigen Verzweigung eine isolierte Stellung einnehmen
müssten.

Während die eben dargestellten grösseren Verbände von Sektionen
in der Alten wie Neuen Welt zu etwa g l e i c h e n Teilen sich entfaltet haben, ist der v i e r t e, schwächere Zweig der Entwicklung
nur im tropischen Amerika zur Ausbildung gelangt. Ich möchte diese
Gruppe die „*Trabeculatae*" nennen. Nur zwei Sektionen, die *Bursatae*
und *Caversii*, sind ihr zuzuweisen. Vor allen anderen *Plagiochilen*
zeichnet sie ein eigenartiges Zellnetz mit langgestreckten, longitudinal verdickten Zellen aus. Hierzu treten eine geringe, nie fiederige
Verzweigung und flach ausgebreitete Blätter von verlängertem Zuschnitt und entfernter Randgliederung, an der mitunter das zweilappige Apikalende hervorgehoben ist. Bei den „*Trabeculatae*" ist eine
Tendenz zur flächenhaften Ausbildung des ventralen Segments festzustellen. Wie schon das Zellnetz auf eine isolierte Stellung hinweist,
zeigt erst das Amphigastrium eine weitgehende Sonderentwicklung
deutlich an. Der Typus der lang-lanzettlichen oder tief zweispaltigen
Amphigastrien mutet für eine *Plagiochila* ganz fremdartig an. Die flächigen Amphigastrien gewisser „*Eury-Plagiochilen*" und „*Hypnoides*"
pflegen sehr stark in Zipfel und Wimpern aufgeteilt zu sein. —

Es sind nur wenige Sektionen des neo- und paläotropischen Florenreichs übrig, die in keiner der vier eben genannten grossen Verbände
gehören. Einen kleinen isolierten Verwandtschaftskreis stellen die
Capillares und *Bidentes* dar, die sich wegen ihrer Zartheit als ein
leicht erkennbares Gattungselement abheben. — Eine interessante
Sektion sind auch zweifellos die *Minutidentes*, die, nach dem Zellnetz
mancher Vertreter zu urteilen, zu den *Eury-Plagiochilen* gehören
könnten, aber auch ± einseitswendig beblätterte Arten enthalten. —
Über die verwandtschaftliche Verknüpfung der fünf übrigen Sektionen kann ich keine Angaben machen. Diese Artengruppen, die oft
nur recht wenige Species enthalten, sind in ihrem Umfang noch zu
wenig bekannt. Es sind das folgende Sektionen: *Nobiles, Subtropicae,
Fuscae, Cobanae* und *Fuscoluteae*.

Während wir eben die grossen verwandtschaftlichen Verknüpfun-

gen der Artengruppen verfolgten und zur Unterscheidung von vier
grossen Gattungselementen (neben wenigen, isoliert stehenden, kleinen Formenkreisen) kamen, könnte sich das Bild der Artengruppen
und ihrer Beziehungen zueinander vielleicht noch klarer gestalten,
wenn die geographischen Charakteristika noch besser herausgearbeitet
würden. Es stellt sich nämlich überraschenderweise heraus, dass die
zunächst nur nach rein morphologischen Gesichtspunkten zusammen-
gestellten Gruppen von Arten auch innerhalb der Florenreiche mit
bekannten Verbreitungstatsachen in Einklang stehen und sehr oft
auf geographisch umgrenzte Gebiete beschränkt sind. Die pflanzen-
geographischen Verhältnisse der n e u w e l t l i c h e n Sektionen
sollen zunächst kurz dargestellt werden.

Artengruppen des subandinen Regenwaldgebietes überwiegen bei
weitem über das andine Florenelement und die Arten des brasilischen
Hochlandes. — In den subandinen Regenwald gehören neben den
Alternantes die *Glaucescentes*, die in den Bergwäldern Boliviens besonders stark zur Entfaltung gekommen sind. Zur andinen Regenwald-
flora, jedoch nur ihres obersten Gürtels, können wir die *Permistae* und
Minutidentes rechnen. Als ausgesprochen mittelamerikanisch muss
man die *Bidentes* ansprechen, die sich auch über die Inselwelt verbrei-
ten, ja mit einer Art sogar auf Galapagos wiederkehren und *P. tridenticulata* als Vorposten bis nach Schottland senden. Die *Bursatae* sind
eine ausgesprochen subandine Gruppe, keine einzige Art ist von Brasilien bekannt; die ihnen nahe verwandten *Caversii* sind weiter verbreitet. Die *Hylaecoetes* stellen vornehmlich ein Element der Hyläa
dar, aber ein subandiner Einschlag ist unverkennbar. Ein Teil von
ihnen strahlt auf die kleinen Antillen aus. Als ein Hyläaelement
könnten wir auch die *Subplanae* ansprechen, die jedoch ebenfalls
keine scharfe Abgrenzung gegen den subandinen Regenwald erlau-
ben. In Brasilien, in dem nur eine vergleichsweise geringe Zahl von
Arten zur Entwicklung gelangt ist, treffen wir vor allem die *Parallelae* an. Bis nach Brasilien schieben sich von den *Crispatae*, die weiter
verbreitet sind, *P. corrugata* und *Guilleminiana* vor. Die *Hypnoides*
müssen wir als allgemein tropisch ansehen; sie treten mit einer sehr
starken Entfaltung in Mittelamerika und auf den Antillen auf, aber
sind auch in Brasilien mit über einem halben Dutzend Arten vertreten. Die *Arrectae* schliesslich können wir als ein Gebirgselement mit
andiner Prägung werten. Ein andines Florenelement sind auch die

Fuscoluteae, die wir in den Paramos von Columbien bis Bolivien antreffen.

Nun etwas zur Verbreitung der p a l ä o t r o p i s c h e n Sektionen. Zwei Teile der Indomalaya, der tropische Himalaya und die Sundainseln heben sich als Entwicklungszentren gewisser Formenkreise heraus. Bei der interessanten Gruppe der *Cucullatae* liegt der Schwerpunkt in der Verbreitung der Arten zweifellos auf den Inseln der mittleren Indomalaya. Der grösste Reichtum entfaltet sich auf Neu-Guinea und Java, von denen allein ca. 40% aller *Cucullatae* bekannt sind. Auf dem asiatischen Kontinent ist nur *P. siamensis* gefunden worden. Von Australien und Neu-Seeland dürften keine *Cucullatae* bekannt sein. Die südliche Verbreitung geht bis zu den Norfolkinseln, die nördliche bis Hawai, die westliche bis zu den Nicobaren. — Im Zentrum der Indomalaya haben sich auch die *Nobiles*, *Kaalaasii* und *Fuscae* entwickelt. Ihnen gesellen sich die *Villosae* hinzu, die auf Java und Sumatra beheimatet sind, aber auch bis zu den Philippinen ausstrahlen. Keine der drei letzten Sektionen erreicht das Festland. — Dafür hat der tropische Himalaya die so trefflich gekennzeichneten *Subtropicae* und *Hamulispinae* als eigene Schöpfungen hervorgebracht, aber auch die *Latifoliae* haben fast nur im Westabschnitt der Indomalaya ihr Verbreitungsgebiet. — Während so mancher Formenkreis nur in einem Teilareal der Indomalaya zu Hause ist, gibt es auch einige Artengruppen mit weiterer Verbreitung. Ausser den *Renitentes* könnten hier die *Acanthophyllae* angeführt werden, schliesslich etwa auch die *Infirmae*, die jedoch vorwiegend die Inselwelt bevölkern und nur mit wenigen Arten auf den Kontinent übergreifen. SCHIFFNER (33) macht den Versuch, die vikariierenden Arten des Himalaya und indischen Archipels gegenüber zu stellen. Es bestehen da z.T. recht schöne Beziehungen, z.B. *P. fruticosa* — *P. frondescens*, *P. euryphyllon*, *sciophila* — *P. Sockawana*, *acanthophylla*, *P. zonata* — *P. nidulans* usw. Ich habe in den Sektionen des tropischen Asiens darauf verzichtet, diese Arten kenntlich zu machen. Vielleicht könnte man durch diesen Gesichtspunkt schwierigere Artengruppen leichter trennen, wie das bei den *Renitentes* angedeutet wurde. —

Grosse verwandtschaftliche Verknüpfungen verbinden die Formenkreise der Alten und Neuen Welt miteinander. Wenn auch Artidentitäten fehlen, so lassen uns gewisse gemeinsame Typenelemente über einen näheren phylogenetischen Zusammenhang nicht im Zweifel.

Umso bemerkenswerter ist die Tatsache, dass nähere Beziehungen der tropischen Floren zur Austral-Antarktis kaum herauszufinden sind. Natürlich könnte man die *Robustae, Stramineae* und *Banksianae* zu den „*Eury-Plagiochilae*" und die *Taylori*-Gruppe, *Biseriales, Durae* zu den „*Heteromallae*" nehmen, aber die Sektionen sprechen lange nicht mit derselben Deutlichkeit wie die entsprechenden der Paläo- und Neotropis für eine nähere verwandtschaftliche Verbindung. Ich möchte daher v o r l ä u f i g den austral-antarktischen Florenkreis als eigenen Gattungsbestandteil werten, in dem wir Artengruppen in Parallelentwicklung mit konvergenten, aber nicht identischen Formungen antreffen. Als Beleg hierfür könnte etwa auch angeführt werden, dass die Arten der patagonischen Notohyle nur äusserst selten auch weiter nördlich angetroffen werden. — Aber innerhalb der Teilareale des austral-antarktischen Florenreichs sind die Sektionen einer vergleichenden Betrachtung gut zugänglich.

Schon im systematischen Teil fand ich an verschiedenen Stellen Gelegenheit, auf eine auffällige Parallelität gewisser Merkmale kurz hinzuweisen, die bei Arten der Notohyle Patagoniens und des austral-neuseeländischen Florengebiets auftreten. Man wird wohl kaum annehmen wollen, dass die gemeinsamen Florenmerkmale unabhängig voneinander in diesen räumlich weit getrennten Arealen entstanden seien; manche Artidentität weist ja auf einen Zusammenhang zwingend hin. Wenn auch eingehendere pflanzengeographische Erörterungen aus dem Rahmen der Arbeit fallen, so muss doch hier auf die Vorstellungen der WEGENER-schen Kontinentalverschiebungstheorie hingewiesen werden, die gerade in letzter Zeit das Interesse wieder wachgerufen haben. — Ob sich auch gewisse Übereinstimmungen der Gattungselemente von Südamerika und Afrika ergeben, kann ich nicht entscheiden, da die afrikanischen Arten von der Bearbeitung ausgeschlossen waren.

Der langen Liste anderer Lebermoose wären als Artidentitäten zwischen der Notohyle Patagoniens und Neuseeland aus unserer Gattung z.B. folgende Arten anzufügen (die Mehrzahl aus der Literatur): *P. connexa, circinalis, squarrosa* und *Baileyana*. Wenn wir die unterschiedenen Sektionen ins Auge fassen, könnten *P. Banksiana* zur *latifrons*-Gruppe, *P. quinquespina* zu den *Angulatae* gehören. An gemeinsamen Merkmalen von Arten beider Florengebiete wären schlieslich hier zu nennen (die Sektionen der Notohyle Patagoniens sind immer zuerst angegeben):

1. die nickenden Sprossenden (bei gew. *Straminae*, bezw. *Taylori*);

2. die sehr langen, an der Mündung etwas verengerten, zweilippigen Perianthien (bei den *Longiflorae*, bezw. *Giganteae*);

3. die steil aufgerichteten, seitlich der Sprossachse angelegten Blätter (bei den *Durae*, bezw. *Taylori* und *Biseriales*);

4. das dichte Zellnetz ohne Eckverdickungen (bei den *Durae*, *Equitantes*, *Flexicaules*, bezw. *Taylori*) usw. —

Da der Schwerpunkt der Gattung natürlich in den Tropen liegt, wird man die recht bescheidene Zahl europäischer Formen nur als Ausstrahlungen dieser Florenreiche verstehen können. Ich halte es, soweit die untersuchten Arten ein Urteil zulassen, für richtig, dass die Arten tropischen Sektionen angeschlossen werden. Vielleicht ist eine Verbindung mit Ostasien, die bei *P. asplenioides* sicher berechtigt ist, auch bei weiteren Arten möglich. — Zwei Arten habe ich v o r l ä u-f i g zu Sektionen des tropischen Amerika genommen, wohin sie ihrer Morphologie nach ausgezeichnet passen. Ich bin mir darüber im klaren, dass die Annahme einer auffallenden Disjunktion hierdurch nötig wird. Aber ich möchte an die merkwürdige Verbreitung von *Cyclodictyon* erinnern, zu der vielleicht hier ein Parallelfall vorliegen mag.

ANHANG: ALLGEMEINE BEMERKUNGEN ÜBER DIE SYSTEMATIK VON LEBERMOOSEN, SPEZIELL DER GATTUNG PLAGIOCHILA

Es dürften vielleicht an dieser Stelle noch einige Bemerkungen allgemeineren Charakters angeschlossen werden, die von den Schwierigkeiten und Forderungen der Systematik, speziell unseres Genus, handeln sollen.

Beim Untersuchen der Herbarproben (bes. älteren Datums) ergeben sich oft Unstimmigkeiten und Ungenauigkeiten, Differenzen zwischen der vorliegenden Art und der von dem Bestimmer bezeichneten. Man ist leicht geneigt, dem Autor die Schuld beizumessen. Jedoch lässt sich mancherlei zu seiner Entschuldigung und Rechtfertigung anführen:

Wenn ein Sammler seine Funde nicht selbst untersucht, sondern sie durch einen bryologischen Fachmann prüfen und bestimmen lässt, wird er einige gut ausgebildete Exemplare oder ein kleines Rasenstück aus der scheinbar gleichartigen Probe herausnehmen und dem Bestimmer zuschicken. Der Sammler teilt nunmehr die Belegproben in viele Stücke, versieht die Schedae mit dem vom Bestimmer angegebenen Namen und verteilt sie an die Herbarien. Lag aber nun wirklich einheitliches Material vor? Da nämlich diese Sammlungen mitunter von Nicht-Fachleuten an die Herbarien und Museen verteilt werden, erscheint ein solches „Versehen'', dass nämlich ganz andere Pflanzen zur Verteilung gelangen, als die Aufschrift angibt, als durchaus möglich (besonders wenn es sich um sehr keine Pflanzen handelt).

Erinnern möchte ich etwa an epiphylle *Lejeuneen*, von denen vier oder fünf verschiedene auf einem Blatt vereinigt angetroffen werden können. Gesetzt den Fall, der Bearbeiter hat vorwiegend e i n e bestimmte Art gefunden und untersucht, so kann schon auf der anschliessenden Blattpartie diese Art anderen Platz machen. In solchen

Fällen muss der Bearbeiter eben alle einzeln bestimmbaren Komponenten des Moosrasens nebeneinander auf dem Etikett angeben und es dem Zufall überlassen, wenn er nicht selbst verteilt, ob auf den anderen Blattstücken oder Blättern desselben Fundorts die gleichen Arten gefunden werden. — Auch unter den *Plagiochilen* gibt es Arten die sich habituell ausserordentlich ähneln. Mischrasen von zwei bis drei verschiedenen Arten sind mir ab und zu begegnet.

So kommen „Falschbestimmungen" zustande. Hierbei haben wir solche Fälle gar nicht berücksichtigt, wo ein offensichtliches Versehen des Bearbeiters oder Sammlers vorgelegen hat, das von undeutlicher Schrift, Nummernvertauschung usw. herrühren kann.

Aber wenn man auch vorsichtig sein muss, bei einer falschen Etikettierung gleich dem Bearbeiter einen Vorwurf zu machen, so kann ich mir nicht erklären, dass in gewissen Fällen unter demselben Namen von demselben autoritativen Bearbeiter — der ev. sogar A u t o r der Art ist, — in den Herbarien sogar m e h r e r e verschiedene Arten liegen, von denen vielleicht nur e i n e zu der angegebenen Art gehört. HERZOG hat ebenfalls ähnliche Fälle angegeben. Die Schwierigkeit in der Systematik unseres Genus wird dadurch aber nur grösser. — So ist es auch nicht zu verwundern, wenn wir verschiedentlich in Herbarien Proben finden, die zwar mit „det. Steph." oder „Herb. Steph." signiert sind, aber die angegebene Pflanze nicht enthalten.

Zur Klärung solcher Fälle stehen verschiedene Wege offen: vor allem erbringt oft ein Vergleich mit den einem anderen Herbar entnommenen Exemplaren des gleichen Fundorts und vom gleichen Sammler Klarheit darüber, ob wirklich eine unrichtige Bestimmung des ersten Bearbeiters oder eine von den anderen Möglichkeiten vorliegt. In vielen Fällen wird sich dann letzteres herausstellen. — Oder man versucht zu ergründen, in welcher Variationsbreite die Artmerkmale schwanken, ob die Pflanze trotzdem zur angegebenen Art gehört, deren Diagnose zu eng gefasst ist, usw.

So kann wohl von Fall zu Fall mancher Irrtum berichtigt werden, aber trotzdem wird der zweite Bearbeiter das Gefühl der Unsicherheit nicht los und muss natürlich weiter skeptisch bleiben. Hier kann aber nur eines helfen, eine bewusst durchgeführte, erschöpfende Durcharbeitung des gesamten Materials. Nur eine derartige peinlich genaue Sichtung und Bereinigung des überhaupt vorhandenen Stof-

fes — besonders der älteren Proben — kann uns die Garantie geben
für den guten und vertrauenswürdigen Zustand eines dann auch
wirklich wertvollen Herbars. U n b e d i n g t verlässlich ist aber
auch dieses Herbar nicht.

Die systematische Erfassung unseres Genus wird aber auch noch
durch anderes erschwert, was in gleicher Weise auch andere, vornehmlich tropische Lebermoosgattungen angeht. — Was wir untersuchen können, sind nur Stichproben, die uns keinen Aufschluss über
Substrat, Höhenlage, Vergesellschaftung und Verbreitung, ja oft
nicht einmal über ihre Wuchsform geben, Merkmale, deren Wichtigkeit der Bryosystematiker schon längst erkannt hat. — Vor allen
Dingen können wir die Grenzen einer Art meist nicht eindeutig fassen, weil wir über die Variationsbreite und -richtung ihrer Merkmale
zu wenig wissen. Es wurde an verschiedenen Stellen versucht, die
Art dieser Veränderungstendenzen zu kennzeichnen, soweit es der
Befund an verschiedenen Exemplaren desselben Rasens und auch
anderer Standorte zuliess. — Ich zweifle z.B. nicht daran, dass ein
Systematiker, der die Formen und kontinuierlichen Übergänge unserer polymorphen *P. asplenioides* zu beobachten keine Gelegenheit
hätte und einige besonders divergente Formen dieser einen Species,
vielleicht noch gemischt mit vielen anderen *P.*-Arten vorgelegt bekommt, gut wird zwei bis drei verschiedene beschreiben können, weil
ihm einfach die verbindenden Zwischenglieder dieser Formengruppe
fehlen. SCHIFFNER (38) hat sich dem Sinn nach einmal genau in der
gleichen Weise geäussert. — Wir dürfen mit Recht annehmen, dass
bei manchen Arten unserer Riesengattung nur Varietäten eines und
desselben Typus vorliegen, deren Zusammengehörigkeit zu einer
Species aber oft nur schwer und nur unter Zuhilfenahme von viel
Vergleichsmaterial zu entscheiden sein wird. Könnten wir alle um
einen Artbegriff gescharten Formen einwandfrei als zu diesem gehörig feststellen, so würde vielleicht die Artenzahl dieser unhandlichen
Gattung wesentlich eingeschränkt!

Gerade, wenn man den Polymorphismus unserer einheimischen
Lebermoose vor Augen hat — es gibt wohl kaum Arten, von denen
nicht mehrere Formen beschrieben sind, — kann man verstehen, wie
schwer eine Ordnung von unverbundenen, durch extreme Standorts-
bedingen usw. stark veränderten Elementen einer und derselben Art
sein muss. — Durch die Aufstellung von natürlichen Sektionen, wie

sie in dieser Arbeit versucht wird, kommen aber Arten ,die denselben
T y p u s repräsentieren, notwendig in einen näheren Verband. Nur
mit Hilfe dieser Artengruppen können wir als eigene Arten beschriebene Formen einer und derselben Species herausfinden und dann
eventuell zu Grossarten zusammenfassen, aber nicht unter Berücksichtigung, weniger, einseitig und kurzsichtig verfolgter Merkmale.

Nun noch etwas zur speziellen Systematik unserer Gattung:

Eine Art mit Hilfe von Diagnose und Zeichnung m i t S i c h e r-
h e i t zu bestimmen ohne Vergleichsmaterial, ist kaum möglich, so-
fern es sich nicht um ganz auffällige Typen handelt. Eine Art n u r
nach einer Beschreibung bestimmen zu wollen, ist überhaupt ausgeschlossen. Trotzdem gibt es auch noch in neuerer Zeit Autoren, die
Arten beschreiben mit einer dürftigen oder gar keiner Zeichnung!
Vor allen Dingen wird aber oft die „Observatio" unterlassen, „worin
die Species mit den nächstverwandten oder damit leicht zu verwech-
selnden Arten verglichen wird" (SCHIFFNER, 37). Über diese Forderung hinaus sind aber auch besonders auffällige Merkmale zu betonen
und geographische und andere Notizen anzufügen, die den Bestimmer leichter zum Ziele führen. — Bei aller Anerkennung für STEPHA-
NI's Verdienst kann die Bemerkung doch nicht unterdrückt werden,
dass zwischen seinen Diagnosen leider nur recht spärlich Notizen ein-
gestreut sind, was übrigens auch GOEBEL (5) und SCHIFFNER (38)
bedauernd hervorheben. — Dagegen betont STEPHANI mit allem
Nachdruck, dass es für die Bestimmung einer *Plagiochila* unumgäng-
lich ist, die Blätter abzulösen und flach ausgebreitet zu untersuchen.
Ebenso muss mit ihm die Forderung erhoben werden, dass Abbildungen vor allem das a b g e t r e n n t e Blatt zeigen müssen. Habitus-
bilder allein haben nur untergeordneten Wert. Doch können sie uns
bei wirklich naturgetreuer Ausführung viel Fehlbestimmungen ersparen (s. GOTTSCHE, 1867). Liegen z.B. Arten mit ampliaten Blättern vor, die sich zu einer Crista aufrichten, so erfahren wir durch die
Zeichnung des Habitusbildes nichts Genaues über die Breite des
Blattohrs; haben wir Arten mit eingeschlagenem Dorsalrand, hohlen
Blättern usw. vor uns, so können wir ihre ausgebreitete Gestalt nur
annähernd erschliessen. — Wenn Arten mit stark umgerolltem Dorsalrand vorliegen, halte ich es für praktisch, das abgetrennte Blatt
auch in der Zeichnung mit dem sich (auch im Präparat) umgeschlagen darstellenden Vorderrand wiederzugeben. Dadurch, dass solche

Blätter mit aufgefaltetem Dorsalrand, also flach ausgebreitet, ge-
zeichnet werden, wie es STEPHANI oft tut, kann eine falsche Vorstellung von ihrer Insertion zu Stande kommen. — Unerlässlich dürfte
schliesslich auch die Abbildung des Zellnetzes sein, das uns mit einem
Schlag über die verwandtschaftlichen Beziehungen informieren kann.

Leider hat sich bis jetzt für die unbedingt nötige monographische
Bearbeitung unserer Gattung, die auch HERZOG in seiner Moosgeo-
graphie dringend postuliert, noch kein Autor gefunden. Die Ursache
hierfür dürfen wir nicht zuletzt darin suchen, dass es bei der mangel-
haft durchgeführten „natürlichen" Gliederung der Gattung, die eben
nicht in eine künstliche Klassifikation passt, schwer ist, in ihren Formenkreis einzudringen. Die erdrückende Menge des vorhandenen
Stoffes und eine in manchen Verwandtschaftsgruppen geradezu er-
müdende Abwandlung des gleichen Themas stehen diesem Bemühen
hinderlich im Weg. Vielleicht hilft die hier versuchte natürliche Gliederung des Stoffes den Weg zur Kenntnis der Gattung wenigstens
etwas zu erleichtern! — Aber auch der fleissigste Monograph wird
uns dem erwünschten Endziel der Systematik nur ein Stück näher
bringen, mehr nicht. LOESKE (22) hat mit Recht darauf hingewiesen,
dass aus einem Herbar allein nicht das natürliche System entstehen
kann. Denn die Natur und Herkunft des Stoffes hindert uns, das eingehende morphologische Studium und die mikroskopische Untersuchung zu Hause in ausgedehntem Masse mit der Beobachtung im
Freien zu verbinden.

SCHLUSSWORT

Es ist in der vorstehenden Arbeit versucht worden, für die systematische Erfassung der Gattung *Plagiochila* einen neuen Weg aufzuzeigen. Ich habe dabei eine Gliederungsmethode verfolgt, die seinerzeit in ähnlicher Weise von SCHIFFNER (34) bei Bearbeitung einer Lokalflora benutzt wurde und habe sie dabei weiter ausgebaut. Meine Auffassung der Einzelmerkmale und ihrer systematischen Verwertbarkeit steht in manchem im Widerspruch zu neueren Autoren, während sie sich mitunter mit den Vorstellungen von SPRUCE (40) näher berührt. Einige bis jetzt vernachlässigte Merkmale wurden mehr in den Vordergrund gestellt, anderen bisher zu einseitig verwendeten wurde nur eine beigeordnete Rolle zugemessen.

Über 400 *Plagiochilen* aus aller Welt, ausgenommen das tropische Afrika, wurden nach ihren natürlichen Verhältnissen zu gliedern versucht und nach Aufteilung in Florenreiche in eine grössere Anzahl von Sektionen zerlegt, die sich jeweils um einen „Arttypus" gruppieren. Dadurch, dass die Artengruppen erweitert und ihnen jederzeit weitere angereiht werden können, wird es möglich werden, nach und nach zu einer Gliederung des gesamten Genus zu kommen. Eine derartige Gattungs„analyse" musste einer befriedigenden systematischen Erfassung aller *Plagiochilen* vorausgehen, da eine Einteilung wie bisher, d.h. nach einem einzigen oder wenigen starr ausgewählten Merkmalen, nicht möglich ist und zu unnatürlichen Gliederungen führt.

LITERATURVERZEICHNIS

Es wird darauf verzichtet, die grosse Anzahl aller meist nur rein floristischer Arbeiten, die bei den einzelnen Arten kurz zitiert sind, nochmals hier anzuführen. Sie sind mit ausführlichen Angaben aus dem Supplementband der Species Hepaticarum von F. STEPHANI zu ersehen. — Hier fanden nur die neueren floristischen Arbeiten Aufnahme, die dort nicht zu finden sind, sowie die Arbeiten, die entweder vornehmlich unserer Gattung gewidmet sind oder aber keinen rein floristischen Charakter besitzen.

1. CARL, H., 1931a, Morphologische Studien an *Chiastocaulon* Carl, einer neuen Lebermoosgattung. Flora, Bd. 126, Heft 1, p. 45—60.
2. CARL, H., 1931b, Beiträge zur Kenntnis der Lebermoosgattungen *Syzygiella* Spruce und *Jamesoniella* Spruce. Hedwigia, Bd. LXXI, p. 283—304.
3. DUGAS, M., 1928, Contribution à l'étude du genre *Plagiochila* Dum. Thèse Fac. Sc. Paris et Ann. Sc. Nat. Bot., 10e Série, 1929.
4. ELLWEIN, H., 1926, Beiträge zur Kenntnis einiger Jungermanniaceen. Bot. Archiv, Bd. 15, p. 61—130.
5. GOEBEL, K. von, 1928, Morphologische und biologische Studien XII. und XV. Ann. jard. Buit., Vol. 39.
6. GOEBEL, K. von, 1930, Organographie der Pflanzen, insbesondere der Archegoniaten und Samenpflanzen. II. Teil, 3. Aufl., Jena.
7. GOTTSCHE, C. M., 1844, Synopsis Hepaticarum (cum LINDENBERG et NEES AB E.), Hamburg, id., Supplementum 1847.
8. GOTTSCHE, C. M., 1858, Übersicht und kritische Würdigung der seit dem Erscheinen der Synopsis Hepaticarum bekanntgewordenen Leistungen in der Hepatikologie. Bot. Zeitg. 16. Jahrg., p. 1—54.
9. GOTTSCHE, C. M., 1867, De Mexikanske Levermosser, Kjöbenhaven.
10. HERZOG, TH., 1916, Die Bryophyten meiner zweiten Reise durch Bolivien. Bibl. Botan., Heft 87, Stuttgart. Die Lebermoose bearbeitet von F. STEPHANI.
11. HERZOG, TH., 1921, Die Lebermoose der 2 Freiburger Molukkenexpeditionen und einige neue Arten der engeren Indomalaya. Beih. Bot. Zentralbl. Bd. XXXVIII, Abt. II, p. 318—332.
12. HERZOG, TH., 1922, Beiträge zur Bryophytenflora Chiles. Hedwigia, Bd. LXIV, p. 1—18.
13. HERZOG, TH., 1925a, Neue Bryophyten aus Brasilien. Fedde Repert., XXI, p. 22—33.

14. HERZOG, TH., 1925*b*, Anatomie der Lebermoose. Handb. d. Pflanzen-anatomie. herausgeg. v. K. LINSBAUER, II. Abtlg., 2. Teil, Bd. VII/I, Berlin.

15. HERZOG, TH., 1926*a*, Beiträge zur Moosflora Westpatagoniens. Hedwigia, Bd. LXVI, p. 79—92.

16. HERZOG, TH., 1926*b*, Geographie der Moose, Jena.

17. HERZOG, TH., 1927, 2 Bryophytensammlungen aus Südamerika. Hedwigia, Bd. LXVII, p. 249—268.

18. HERZOG, TH., 1930, Symbolae sinicae. Bot. Ergebn. d. Exped. der Akad. d. Wiss. in Wien nach Südwest-China 1914/1918, herausgeg. v. H. HANDEL-MAZZETTI, V. Teil, Hepaticae. Wien.

19. HERZOG, TH., 1931*a*, Hepaticae Philippinenses a cl. C. J. BAKER lectae. Ann. Bryol., Vol. IV, p. 79—94.

20. HERZOG, TH., 1931*b*, Beiträge zur Flora von Borneo. Hepaticae. Mitteil. a. d. Inst. f. allg. Bot. in Hamburg, 7. Bd., Heft 3.

21. LINDENBERG, J. B. G., 1844, Species hepaticarum, fasc. I—V: Monographia hepaticarum generis *Plagiochilae*, Bonn.

22. LOESKE, L., 1910, Zur Morphologie und Systematik der Laubmoose, Berlin.

23. LOESKE, L., 1914, Neue Prinzipien der systematischen Bryologie. Hedwigia, Bd. LIV, p. 210—216.

24. LOESKE, 1928, System und Experiment. Ann. Bryol, Bd. I, p. 127—132.

25. MÜLLER, K. (HAL.), 1854, Einige Worte über die Bedeutung des Zellenbaus für die Klassifikation. Bot. Ztg. 12. Jahrg., p. 537—542.

26. MÜLLER, K. (FRIB.), 1905, Monographie der Lebermoosgattung *Scapania* Dum. Abh. der Kaiserl. Leop.-Carol. Deutsch. Akad. d. Naturforscher, Bd. LXXXIII, Halle.

27. MÜLLER, K. (FRIB.), 1906/16, Die Lebermoose, Bd. 6 in RABENHORST's Kryptogamenflora, I. u. II. Abtlg., Leipzig.

28. REIMERS, H., 1926, Beiträge zur Bryophytenflora Südamerikas I. und II. Hedwigia, Bd. LXVI, p. 27—78.

29. REIMERS, H., 1931, Beiträge zur Moosflora Chinas I. Hedwigia, Bd. LXXI, p. 1—77.

30. SANDE—LACOSTE, C. M. VAN DER, 1856, Synopsis Hepaticarum Javanicarum, Amsterdam.

31. SCHIFFNER, V., 1893/95, Hepaticae in ENGLER-PRANTL, Natürliche Pflanzenfamilien I, 3.

32. SCHIFFNER, V., 1892, Conspectus Hepaticarum Archepelagi Indici. Batavia.

33. SCHIFFNER, V., 1899, Beiträge zur Lebermoosflora von Bhutan (Ost-Indien). Österr. botan. Zeitschr., Jahrg. 1899, No. 4 ff.

34. SCHIFFNER, V., 1900, Hepaticae der Flora von Buitenzorg, Leiden.

35. SCHIFFNER, V., 1901, Expositio plantarum in itinere suo indico annis 1893/94 suscepto collectarum. Series II. Denkschr. K. Akad. Wiss., Wien, LXX, p. 155—218.

36. SCHIFFNER, V., 1904, Bryologische Fragmente VI. Österr. bot. Zeitschr. No. 4.
37. SCHIFFNER, V., 1906, Über die Formbildung bei den Bryophyten. Hedwigia, Bd. 45, p. 298 ff.
38. SCHIFFNER, V., 1908, Kritische Bemerkungen über europäische Lebermoose. Ber. naturw. Verein Innsbruck, Bd. 31, Ser. V, p. 32—52.
39. SCHIFFNER, V., 1917, Die systematisch-phylogenetische Forschung in der Hepatikologie. Progr. rei botan., Bd. V, p. 387—520.
40. SPRUCE, R., 1885, Hepaticae of the Amazon and of the Andes of Peru and Ecuador. Trans. Edinburgh Bot. Soc.
41. STEPHANI, F., 1900/24, Species Hepaticarum, Vol. I—VI, Bull. Herb. Boissier. Genf und Basel.
42. STEPHANI, F., hierzu die unveröffentlichten Handzeichnungen (Icones).
43. VERDOORN, F., 1929, Über einen wichtigen Beitrag zur Kenntnis exotischer Lebermoose. Ann. de Cryptog. exot., t. II, fasc. 1, p. 69—78.
44. VERDOORN, F., 1931, Hepaticae selectae et criticae. Series I u. II. Ann. Bryol., Bd. IV, p. 123—150.

REGISTER

Ein * vor den Seitenzahlen bedeutet Abbildung. Synonyma sind kursiv gedruckt.

Volume II, 1929.

VIII and 168 pp. With numerous illustrations. roy. 8vo.
Price 6 guilders (= $ 2.40 = RM. 10.—) or bound in cloth 7.50
guilders (= $ 3 = RM. 12.50).

CONTENTS: FLEISCHER, MAX, V. F. Brotherus †. — ALLORGE,
PIERRE, Le Plagiochila tridenticulata dans les Pyrénées basques. —
DIXON, H. N., On a small collection of mosses from the Seychelles. —
FLEISCHER, MAX, Die Sporenkeimung und vegetative Fortpflanzung
der Ephemeropsis tjibodensis. — FLEISCHER, MAX, Musci frondosi
archipelagi indici et polynesiaci, Series XI. — GARJEANNE, A. J. M.,
Karyostrophe bei Hookeria lucens. — KOPPE, FR., Das montane Element in der Moosflora von Schleswig-Holstein. — PAUL, H., Zur Bryo-
geographie des bayerischen Waldes. — SCHIFFNER, V., Ueber epiphylle Lebermoose aus Japan nebst einigen Beobachtungen über Rhizoiden, Elateren und Brutkörper. — SMIRNOVA, Z. N., The Distribu-
tion of Sphagnum contortum and Sphagnum quinquefarium in U. S.
S. R. — VERDOORN, FR., V. Schiffner-Expositio plantarum in
itinere suo indico annis 1893—1894 suscepto collectarum specimini-
busque exsiccatis distributarum, adjectis descriptionibus novarum.
Series III. (De Frullaniaceis IV). — VERDOORN, FR., Revision der
von Java und Sumatra angeführten Frullaniaceae (De Frullaniaceis
V). — Miscellanea.

Volume III, 1930.

VIII and 168 pp. With numerous illustrations. roy. 8vo.
Price 6 guilders (= $ 2.40 = RM. 10.—) or bound in cloth 7.50
guilders (= $ 3 = RM. 12.50).

CONTENTS: ARNELL, H. W., Die Moosvegetation an den von der
schwedischen Jenissei-Expedition im Jahre 1876 besuchten Stellen,
II. — BUCH, H., Über die Entstehung der verschiedenen Blattflä-
chenstellungen bei den Lebermoosen. — CHALAUD, G., Les derniers
stades de la spermatogénèse chez les hépatiques. — DIXON, H. N.,
Additions to the Moss Flora of the North-Western Himalayas. —
DOUIN, CH., Le Thalle mixte du Sphaerocarpus. — EVANS, AL. W.,
Two species of Lejeunea from Chile. — FLEISCHER, MAX, Bemerkun-
gen über morphologische Untersuchungen über die Phylogenie der
Laubmoose von W. Stepputat und H. Ziegenspeck. — GARJEANNE,
A. J. M., Das Zusammenleben von Blasia mit Nostoc. — HERZOG,
TH., Besitzt Stephaniella ein Perianth? — HERZOG, TH., Mnioloma
Herz., Nov. Gen. Hepaticarum. — HERZOG, TH., Über den Blattdi-
morphismus von Pilosium C.M. — HERZOG, TH., Studien über Dre-
panoleieunea, I. — KHANNA, L. P., An abnormality in the female
receptacle of Marchantia palmata Nees. — NICHOLSON, W. E., „At-
lantic" hepatics in Yunnan. — SAINSBURY, G. O. K., On the occur-
rence of Trematodon suberectus in volcanically active soil. —
SCHMIDT, H., Einige Ergebnisse bei anatomischen Untersuchungen
— Miscellanea.